调色师手册
色彩风格宝典

[美] 阿列克谢·凡·赫克曼（Alexis Van Hurkman） 著　高铭　陈华 译

Color Correction Look Book

Creative Grading Techniques for Film and Video

人民邮电出版社
北京

图书在版编目（CIP）数据

调色师手册. 色彩风格宝典 / （美）阿列克谢·凡·
赫克曼（Alexis Van Hurkman）著；高铭，陈华译. --
北京：人民邮电出版社，2021.1
　　书名原文：Color Correction Look Book: Creative
Grading Techniques for Film and Video
　　ISBN 978-7-115-54506-0

　　Ⅰ．①调… Ⅱ．①阿… ②高… ③陈… Ⅲ．①调色—
图像处理软件 Ⅳ．①TP391.413

中国版本图书馆CIP数据核字（2020）第134103号

版 权 声 明

◆ 著　　　[美] 阿列克谢·凡·赫克曼（Alexis Van Hurkman）

译　　　高 铭 陈 华

责任编辑　王峰松

责任印制　王 郁 焦志炜

◆ 人民邮电出版社出版发行　北京市丰台区成寿寺路 11 号

邮编　100164　电子邮件　315@ptpress.com.cn

网址　https://www.ptpress.com.cn

北京九天鸿程印刷有限责任公司印刷

◆ 开本：880×1230　1/24

印张：10　　　　　　　2021 年 1 月第 1 版

字数：240 千字　　　　2024 年 8 月北京第 14 次印刷

著作权合同登记号　图字：01-2017-5587 号

定价：129.80 元

读者服务热线：(010)81055410　印装质量热线：(010)81055316

反盗版热线：(010)81055315

广告经营许可证：京东市监广登字 20170147 号

内容提要

　　本书介绍了多种主流的创意调色手法，并对这些色彩风格在不同软件平台下的实现方式进行了深入的介绍。

　　本书共有23章，内容涉及风格化调色，漂白旁路风格，蓝绿通道互换，模糊和带颜色的遮罩，模拟正片负冲，日调夜处理，双色调和三色调，模拟胶片，在调色以外营造"胶片感"的其他因素，平光风格和胶片灰化，扁平化的卡通（色彩）风格，辉光、柔光和朦胧的薄纱风格，颗粒、噪点和纹理，绿幕合成调色流程，镜头光晕与杂光，漏光效果和色彩溢出，监视器和屏幕反光，单色风格，锐化，着色与偏色，暗部色调，自然饱和度和目标饱和度，老胶片风格等。这些调色手法适用于MV、商业广告和电影，从业者在熟练掌握之后，可以灵活地混搭，打造出属于自己的独特效果。

　　本书是对《调色师手册：电影和视频调色专业技法（第2版）》内容的进一步完善和补充，适合专业调色人员和影视相关专业人员阅读。

献词

献给导演兼制片人 Rod Gross。他聘请了一名年轻剪辑师，并让这名剪辑师（我）学习了 After Effects 3.0。从此，我开始了漫长而成功的职业生涯。

推荐语 （按姓名拼音排序）

"调色行业的进步需要从业者们踏踏实实地学习技术，慢慢培养自己的审美和艺术修养！建议从业者从拿起这本难得的好书开始，学习如何创造影调风格吧。"

——曹轶毅　著名调色师

"调色风格，统称为 looks，它是调色行业的秘密，也是调色师的核心技巧。

在调色行业的多年发展历程中，形成了许多风格化的 looks，它们被反复应用在不同影片当中，随着一代又一代调色师的改进和创新，形成了千变万化的谱系。

本书就是揭示调色风格最为关键的一环，是创建 looks 的权威书籍，是作者 Alexis 继《调色师手册：电影和视频调色专业技法（第 2 版）》之后的又一力作。

本书在经过专业调色师高铭和 DIT（数字影像工程师）陈华老师的精心翻译与校对之后，清楚明白地介绍了调色风格的来龙去脉，让你可以创建自己的风格化调色。

在此强烈推荐本书，无论你是初入行调色，还是已入行多年，都会像我一样，从本书中学到新的知识，并在阅读过程中得到快乐。"

——崔巍　ABOUT CG 合伙人，调色师，视频设计师

"10 年前，电影工业向数字化演进。从拍摄到存储再到后期，最终到影院放映，百年来以胶片为基础的技术流程被彻底颠覆。但从电影美学层面来看，这 10 年来数字化更多是在扮演着'逼真模仿胶片'的角色，我称此阶段为'数字电影 1.0 时代'。接下来，我们将迎来'数字 2.0 时代'。数字电影将发展出属于自己的原生美学，其中举足轻重的就是全新的'数字化观感'。电影将在传统胶片观感之外拓展出更丰富和更具想象力的观感类型。而高铭与陈华翻译的这本书就像'数字 2.0 时代'入口的路标，你将由此窥见新世界的样子。"

——邓东　美映影业联合投资人，三七电影节组委

"近年来，业内频繁听到'电影工业化'乃至'重工业电影'的提法，然而更多时候这仿佛是一种愿景。如何把世界范围内的经验和知识本地化、变为现实，答案只能是实干。高铭和陈华二位无疑是默默实干的典范——此次译作再次证明了这一点。想要了解数字电影如何通过调色获得'电影感'，这本书一定适合你！"

——邓宇　中国电影美术学会 CG & 数字艺术委员会常务副主任

"相信看过《调色师手册：电影和视频调色专业技法（第 2 版）》的你已经累积了相当多的基本理论知识与操作经验，但工作了一段时间后，可能会遇到瓶颈和困惑，不要慌，进阶版的《调色师手册：色彩风格宝典》终于问世了，本书结合了调色师多年的实务经验与技巧，让你能在调色的实务上更游刃有余。色彩是很主观的认定，它没有对错，只有喜不喜欢，只有掌握了更多的技巧，你才能在有限的时间内做出让自己和客户都满意的项目。如果没看过《调色师手册：电影和视频调色专业技法（第 2 版）》，没关系，赶紧地，两本一起看，它们可以帮助你更快速地进入调色领域，调出今后色彩更加丰富的人生。加油！"

——丁登科　著名广告调色师，2002 年到上海发展，现任 DW Post Production 负责人

"本书可能是我看到过的最好的调色师进阶书。无论你的调色水平现在处在什么阶段，都应该了解和学习一下。也许它会是你成为世界级调色师的第一个砝码。"

——耿光耀　调色师

"高铭和陈华是国内著名的调色师和色彩流程管理专家，这是他们翻译的第 2 本关于色彩科学和应用的著作。他们两位做译者我一点也不吃惊，因为他们一直走在国内外的前沿领域；而且调色师的本职工作就是'翻译'——翻译不同的色彩空间状态并保证精准。对于色彩技法的创作，其实也就是翻译上的'信、达、雅'。准确是本色，创作是风格。

色彩科学是一个关于认知和感知的'无底洞'，坦言之，影视色彩应用领域在国内还处在初级阶段，很多时候我们无法回归本源来究其所以然，就匆匆去工作了，这既迫于现实需求也迫于很多盲目的无奈。调色不只是调色这么简单，科学严谨的精神和自由放飞的艺术理念缺一不可，有天赋自然是好事，可大力精进；没有天赋，那就勤学苦练，功到自然成。无论你属于

前者还是后者，这本书都可以看看，一是随时提醒自己是否严格遵守了技术工艺流程，二是反复细嚼慢咽必能补好头脑、扬长避短，最终有所成。"

——郝大鹏　影视技术专家，videocase 主编

"在便携型 10bit ＋ 4：2：2 ＋ Log 拍摄设备和'轻 RAW'拍摄设备日益普及的今天，学习调色已经是必然。这本全新的《调色师手册：色彩风格宝典》，以影视制作常见的调色应用场景为切入点，读者可以通过它'比着葫芦画瓢'，在实际项目中开始自己的调色学习之旅。"

——吕尚伟　UGC 学院院长

"夫学须静也，才须学也。让我们静下心来学习这本书吧！才（财）也就跟着来了！

很幸运能有既专业又懂翻译的人来做这本书，让我们能读到佳品！"

——曲思义　著名调色师

"近 20 年，我在纪录片剧情片之间穿梭。在纪录片电影《少女与马》中，全片仅用两次小 LED 灯来布光拍摄。在剧情片《兔子暴力》的夜戏中，仅用汽车灯光照明拍摄。这两次大胆选择，一方面是因为题材类型，另一方面是因为自己熟知数字化摄影后期制作的可能性。这种可能性的保障主要来自对调色（数字 DI）的了解，以及向调色师的学习。高铭和陈华就是我最好的老师。当代的电影摄影师只有从后期调色开始倒逼到前期，才能知道拍摄中需要解决哪些问题。"

——汪士卿　电影摄影师，2000 年毕业于北京电影学院图片摄影专业，获 2009 年美国
艾美奖最佳摄影提名，获 2012 年洛杉矶亚太电影节最佳摄影奖（联合）

"喜欢'九阴白骨爪'吗？快、准、狠、辣。既然没有那么多工夫研究心法，从一堆'九阴白骨爪'中学一招半式，想来也是足够行走江湖的。"

——熊巍　VTWO FILM STUDIO 调色师

"从业近 20 年，刚入行时的那种无知与彷徨始终在我记忆中游荡。当时调色师还是一个比较新的职业，国内的专业从业人员十分有限，信息也相对闭塞，国外先进的技术和调色理念我

们都很难直接获取。为了提升自己的工作能力，我们只能在黑暗的调色机房里不断磨炼，通过实际工作的累积，慢慢摸索出一套属于自己的心得。那些日夜颠倒的时光是我人生中最宝贵的财富。

时至今日，虽然网络四通八达，优秀的调色作品层出不穷，五花八门的教程也随处可见，但很多年轻的调色师却走入了'学会了软件就学会了调色'的歧途。我觉得比起当年无助的我们，现在的新手调色师面临的是一条更为困惑、更为崎岖的成才之道。此时本书的出现就显得格外珍贵，更专业的技术细节、更精准的职业规范，让他们能够在最短的时间内获取最先进的调色理念，哪怕是像我这样的资深调色师，也可以从这本书中获得宝贵的技术指引。

与其在迷雾中摸索道路，不如找一个指路明灯为你照亮前路，这本书就是指路明灯。"

——许维达　著名调色师

"影视技术的发展、拍摄设备的进步让摄影师可以捕捉到接近人眼观看的图像细节，超高清 HDR 技术则给观众带来超越胶片的亮度与色彩空间。色彩是影视语言重要的内容，在从银幕到各种类型屏幕的影像创作过程中，色彩管理成为影视技术重要的环节。色彩管理与数字调色技术逐渐走出电影工业的范畴，进入影视剧、广告、纪录片及电视转播甚至短视频制作中，成为大视频行业的标准流程。

本书的出版为从事影像创作的摄影师、剪辑师、调色师提供了一个色彩管理与色彩创作的范本。相信本书会帮助你了解色彩知识、重视色彩管理、学习调色技巧，让你在影像创作中更加出彩、更加出色。"

——杨祥　正高级工程师，中国电影电视技术学会摄影摄像专业委员会副主任、秘书长

"康丁斯基说过：色彩是琴键，而心灵则是钢琴的琴弦。艺术家就是演奏的手，抚弄着一个又一个琴键，让灵魂震颤。

观者对于色彩有着最为直觉的感受，因此，从胶片时代到数字时代的调色师，其主要的工作就是通过调色系统对摄影师的创作进行光影与色彩的还原以及风格的创建，以辅助叙事。任

何一个数字时代的调色师,或多或少都曾聆听过客户如此的要求:可否调出电影感或者胶片感?Alexis 这本著作对于这个不绝于耳的请求,有着全面并且深度的探索,本书透过详细的解析,为那些从未接触过胶片的数字时代的调色师们,提供了一个快速的学习方法。

敝人拥有 20 多年的调色经验,越发觉得调色配色的工作迷人又有趣,虽然工具有限,但是创意可以无限,让你永无止尽地想一直探索与实验,直到一个又一个秘境被发现。祝福有心在调色领域深入的朋友,通过 Alexis 先后两本调色著作的熏习和自身的踏实练习能弹得一手色彩好琴,震动自己,也感动他人!"

　　　　　　——张明珠　**资深高级调色师,国际调色师协会(CSI)会员,来自台湾,拥有超过 20 年丰富的胶片与数字调色经验,调色作品涉及广告、MV、纪录片、艺术片、短片与电影长片。电影调色代表作品有《银河补习班》《西小河的夏天》《西游记 3: 女儿国》《恶棍天使》《闪光少女》等。**

中文版序

　　影视色彩是影视艺术中重要的造型元素。随着数字技术在影视制作中的广泛应用，影视色彩处理早已从早期的数字图像处理工具，发展演化为兼具艺术表现特征的润色加工手段，进而升华为集影像色彩管理与视觉造型风格完美统一的美学表现元素。环视当下影视行业，可谓是"无影像不调色"。而从拍摄、制作到输出诸环节，摄影、数字后期以及显示技术的快速迭代，使得宽色域、高画质、大动态范围的影像不断为我们呈现出精彩纷呈的影视画面。作为重要创作手段的影视色彩更是极大地拓展了影视艺术的表现空间。

　　在数字影视时代，"所见即所得"的实时高效的调色工具使得以往成本高昂的调色工作现在已经成为高质量影视制作的重要生产工艺流程。影视调色已经成为数字影视后期制作环节中与剪辑、合成并重的 3 个重要岗位。而调色人才的培养与调色教材密不可分。数字调色是近年来兴起的全新技术手段，在影视制作领域涉及这方面的教材并不多见，尤其是将理论与实践相结合的优秀著作更不多见。由陈华、高铭翻译的《调色师手册：电影和视频调色专业技法（第2版）》及这本新书《调色师手册：色彩风格宝典》可以说在一定程度上填补了空白。这两本译著是他们两人精诚合作的结晶。

　　译者陈华是一位技艺兼备的影视后期人才。他在 1999 年考入原北京广播学院（现中国传媒大学）最为热门的文艺编导专业，但是他对影视制作技术有着非常执着的追求。2001 年我在原北京广播学院电视系创办剪辑艺术与技术方向，首届学生转招自原北京广播学院各专业，陈华即是其中脱颖而出的一员。毕业后经过 17 年的职业经验积累，他已成为业界资深的数字影像工作流程专家。

　　另一位译者高铭，毕业于天津美术学院数字媒体艺术系，是国际调色师协会（CSI）会员，曾经师从国际著名调色师，有多年电影及各类影视作品调色经验，精通多种调色软件。她也曾多次为我的学生讲课。

　　而他们两位共同创立的可见光色彩机构（Visible Light Studio）一直致力于影视色彩管理，

追求色彩艺术与技术的完美契合。

　　本书开宗明义，紧紧围绕调色过程中的诸多环节，利用多个生动、形象的作品实例，列举诸调色软件工具，以深入浅出的语言讲解、阐述了在调色工作中实现多种影像风格的技巧。尤其是两位译者本身既精通影视技术的基础知识，又具有丰富的调色经验，将晦涩难懂的调色知识翻译得专业而贴切，所添加的译者注释也恰到好处，对本书的内容来说是一种提炼与升华。

　　目前业内涉及影视调色理论的专著并不多见，而举凡此类教材，多体现为技术手册、说明书、案例教程等形式。这部译著既非软件的翻译手册，也不是单纯的制作案例分析，而是凝聚了丰富调色经验的理论与实践的总结，其内容具有普适性和长期的参考价值。相信本书，一定能够成为业界人士的锦囊，既能夯实初学者的基础，又能提升专业人士的制作水平！

张歌东

中国传媒大学动画与数字艺术学院教授

2020 年 1 月于北京东郊定福庄

前言

你不必像画家、雕塑家、小说家那样模仿人和物的外观，因为摄影机为你做了这些事，你的创作或发现仅限于你所捕捉的各种现实之间的联系。还有数字比特的选择，它由你的天赋决定。

——亨利·卡蒂尔 - 布列松（1908—2004）[①]

如果你正在书店或者网站上浏览本书，不确定本书是否适合自己，你需要知道本书没有这些内容：不教调色基础，不讲如何平衡好每个镜头，也没有选色技巧，不会介绍怎样调好看的肤色。这些内容在《调色师手册：电影和视频调色专业技法（第 2 版）》里都可以找到，如果你是调色新手或者刚进入这个行业，建议你先学习一下这本书。

本书将向你展示如何为客户做出有趣的视觉风格。

对摄影师而言，在理想世界中，画面的拍摄完全由摄影导演（Director of Photography，DP）控制，主要是通过摄影机拍摄图像，协调光线和阴影的平衡，控制打灯时的光量和眩光的相互作用，以及场景中预期的色彩交互，并忠实地记录下来，然后在调色师的监督下严格、精心地改进，最终使观众受益。戈登·威利斯（Gordon Willis）[②] 在 2013 年 5 月 23 日接受洛杉矶周刊凯西·伯奇比的采访时表达了这一观点：

在今天的电影制作中，你已经失去了原始图像的完整性。已经没有那些能想出东西
并希望在屏幕上直接实现出来的人。因为如果你没有这样的合同，一份写着任何人都不

[①] 亨利·卡蒂尔 - 布列松（Henri Cartier-Bresson，1908—2004），法国著名的摄影家，被誉为 20 世纪最伟大的摄影家之一及现代新闻摄影的创立人。他同时也是知名的玛格南图片社的创办者。他的"决定性瞬间"摄影理论影响了无数后继的摄影人。——译者注

[②] 戈登·威利斯（Gordon Willis，1931—2014），美国电影摄影师和电影导演。他最出名的作品是弗朗西斯·福特·科波拉的"教父"系列以及伍迪·艾伦的《安妮·霍尔》和《曼哈顿》。——译者注

准修改任何东西的合同，那些喜欢玩、在调色间"玩"的人（他们似乎都喜欢"玩"）有权力将物体变成洋红色、黄色，他们变成了"创造性思维"最疯狂的代言人。但这应该是由那些知道得更多、曾经做过一段时间电影的专业制作人来决定的，而不是那些喜欢玩的人进入这个该死的房间，控制这些调色工具，开始他们从未想过要做的（或从没做过的）事情。他们会进入调色房间，然后说"好吧，我们在这里。让我们炸掉 7 座桥①。"

说的没错。

然而，这个行业的从业人员都知道时间和预算是拍摄计划的阻碍，而且，通常的情况是要保证每天预计拍摄计划的页数。想要实现预期的视觉效果，调色部门的工作必不可少。

参与过足够多数字调色工作的电影摄影师，他们通常会了解熟练的调色师所能提供的选择和调整的边界。审慎的电影摄影师会懂得哪些调整和风格在后期工作中易于实现，更重要的是他们知道哪些不是在后期中实现的，并且将这些知识融入他们的拍摄策略中。

因此，调色师的工作不再仅仅是简单地平衡色彩、修复问题和优化画面。胶片洗印厂创建的风格和效果不再是以光化学方式来实现。事实上，你的调色室已成为洗印厂，这些影像风格化现在已成为你工作描述的一部分。

此外，现在的数字再现越来越完美了，而数字图像所捕获的画面质量和一致性可能会变得枯燥乏味，导致不少导演渴望使用旧的录制方法，找寻以前的特质和不完善之处。或者，客户渴望你展示完全不同的东西，以区分他们的影片和使用该摄影机拍摄的其他项目。

本书旨在提供一系列有用的创意调色技巧，为你提供一系列风格，使你可以在客户要求特殊、意外和独特的东西时使用这些风格。

我在这本书中提出的技巧，可以用于 MV、广告，甚至是对已调色的项目进行再创作，掌握这些能力能帮助你创造更"野"、更好玩的画面。本书介绍了你可以尝试的各种策略。

---

① 原文 Seven Bridges 是指哥尼斯堡七桥问题（Seven Bridges of Königsberg），是图论中的著名问题。1736 年 29 岁的欧拉向圣彼得堡科学院递交了题为《哥尼斯堡的七座桥》的论文，在解答问题的同时，开创了数学的一个新的分支——图论与几何拓扑，也由此展开了数学史上的新历程。戈登•威利斯借此讽刺不懂电影的人干预电影制作。——译者注

整本书的关键在于我致力呈现的调色技巧,更多的是调色"战略",而不仅仅是固有的"风格"。我所介绍的大多数创意技巧都是高度可定制的,可以根据你的特定目的进行定制。甚至,你会发现自己混合和匹配这些技巧可以创造出自己的独门效果。尽管你创建的许多风格可以归类为熟悉的、识别度高的调色手法的变种,但没有两个电影、广告或剧集会有一模一样的需求。

尽情玩吧!

特别鸣谢

首先,我想衷心地感谢在这部书里,慷慨大方地允许我公开使用其作品的电影制作人。下面提到的所有项目都是我亲自调色的,而它们也代表了你在实际工作中会接触到的基本范围。所有这些作品都是和这些非常好的客户合作完成的,我真心感谢他们对于本书的贡献。

- 感谢 Josh(导演)和 Jason Diamond(导演),书中选用了音乐视频 *Jackson Harris* 和故事短篇《娜娜(*Nana*)》的截图。

- 感谢 Matt Pellowski(导演),书中选用了《丧尸围城(*Dead Rising*)》的截图。

- 感谢 Sam Feder(导演),书中选用了纪录片《凯特•伯恩斯坦:一种奇怪而愉快的危险(*Kate Bornstein: A Queer and Pleasant Danger*)》的截图。

- 还有选自我自己导演的故事短片 *The Place Where You Live*,这部短片也起了很重要的作用,感谢 Autodesk 的 Marc Hamaker 和 Steve Vasko,他们赞助了这个项目。

- 感谢 Yan Vizinberg(导演)、Abigail Honor(制片人)和 Chris Cooper(制片人),书中选用了电影 *Cargo* 的截图。

- 感谢 Jake Cashill(导演),书中选用了他的长篇惊悚篇 *Oral Fixation* 的截图。

- 感谢 Bill Kirstein(导演)和 David Kongstvedt(编剧),书中选用了 *Osiris Ford* 的截图。

- 感谢 Lauren Wolkstein(导演),书中选用了她的获奖短片 *Cigarette Candy* 的截图。

- 感谢 Michael Hill(导演),书中选用了他的 16 毫米短片 *La Juerga* 的截图。

- 感谢 Kelvin Rush(导演),书中选用了他的超 16 毫米短片 *Urn* 的截图。

- 感谢 Rob Tsao（导演），书中选用了他的喜剧短片 *Mum's the Word* 的截图。

另外，以下这些朋友给我提供了很有价值的示例片段，我必须表示额外的感谢。

- 感谢 Crumplepop 的好伙伴们，包括 Gabe Cheifetz、Jed Smentek 和 Sara Abdelaal（素材拍摄者），他们给我提供了大量有价值的视频录像，还有来自 Crumplepop 的扫描胶片颗粒库及胶片 LUT 分析。

- 感谢 Warren Eagles（调色师），他提供了来自 Scratch FX 库的一些胶片和视频效果 (在 fxphd 上可以购买)。

- 感谢 John Dames（导演，*Crime of the Century*），书中选用了 *Branded Content for Maserati Quattroporte* 的其中一个片段。

我还想特别感谢一下 Kaylynn Raschke，她是一名富有才华的摄影师（同时也是我可爱的妻子）。她负责本书封面上的图像（包括本书先前的版本和现在的版本）和本书中出现在示例里的大量图像。她还要忍受我没日没夜的工作，因为我除了出版了这本书，还有很多其他的作品要亮相。

此外，如果没有下面公司里诸位的帮助，我是不可能完成这部书的，这些公司也包括调色行业内的真正巨头（排名不分前后）。

- 感谢 Grant Petty，Blackmagic Design 的 CEO ; Peter Chamberlain，达芬奇 Resolve 的产品经理 ; 以及达芬奇的软件工程总监 Rohit Gupta。能与他们合作这么多年，我感到非常幸运，感谢他们所分享的一切有价值的知识。

- 感谢 FilmLight Baselight 系统的主要开发者 Martin Tlaskal、销售主管 Mark Burton 和技术作家 Jo Gilliver。感谢他们为我提供了那么多关于 Baselight 的有用信息和 Baselight 系统的屏幕截图。

- 还要特别感谢 Richard Kirk，他是 FilmLight 的色彩科学家，他给我提供了关于 LUT 校正和管理的深度细节的信息，以及胶片模拟程序和过程背后的色彩科学信息。

- 感谢 SGO 的调色师 Sam Sheppard，他也给我提供了大量的信息，感谢他给我演示 Mistika 以及提供 Mistika 的截图。

- 感谢 Autodesk 的用户体验设计师 Marc-André Ferguson、首席培训师 Ken LaRue 和高级产品市场经理 Marc Hamaker。感谢他们解答了我关于 Autodesk Smoke 和 Lustre 的问题。

- 感谢 Quantel 的销售经理（纽约）Lee Turvey、高级产品专家 Brad Wensley 和研发组组长 David Throup。感谢他们给我提供的宝贵信息、软件的屏幕截图以及 Quantel 的 Rio 和 Pablo 调色工作站的展示。

- 感谢 Assimilate 的"assimilator"，Sherif Sadek。感谢他为我提供了 Scratch 的 Demo 版本、屏幕截图，以及回答了我在整合 Scratch 示例时提出的大量问题。

- 感谢 Adobe 的 Patrick Palmer 和 Eric Philpott。感谢他们提供的关于 Adobe SpeedGrade 的信息及一贯支持。

- 感谢调色师 Rob Lingelbach 和 TIG 精英社区。感谢他们的支持和数年来一直分享大量有价值的信息。

- 感谢 Mike Most。他具有调色师、特效师、技术专家和数码怪才等多种身份，我们对 log 调色进行过大量的、很细节的交流，这些交流记录都添加在本书的各章节中。

- 感谢国际自由调色师 Warren Eagles。数月以来我们进行了大量的交流和讨论，而且在调色社区里，他无私地与我们分享了他的知识。

- 感谢自由调色师和神秘的国际人物 Giles Livesey。他和我分享了一些调色的关键技巧，并且针对英国后期调色工业的商业广告风格化这一历史发表了深刻见解。

- 感谢 Splice Here 的高级调色师 Michael Sandness。他既是我的好朋友，也是我在 Twin Cities 的同事，我们两个之间有过非常多的讨论，他也是一位很好的参谋。

非常感谢这本书的技术审稿人，Company 3 公司的高级调色师 Dave Hussey，他是一位资深的艺术家和真正的行业巨人。他同意审阅所有其他材料，尽管他的日程安排非常繁忙。他对内容的好评以及其他见解都是非常宝贵的。

我还要感谢《调色师手册：电影和视频调色专业技法（第 2 版）》中对本书内容最初的评论者——Joe Owens，Digital 公司的调色师、视频工程信仰的捍卫者，以及关于调色主题的众多在线论坛的慷慨贡献者，他们审阅了我最初的章节并提供了极好的反馈。

我还想亲自感谢 Karyn Johnson（高级编辑，Peachpit 出版社）。他最初支持了《调色师手册》的第 1 版，并在时机成熟的时候继续鼓励我写第 2 版，然后更加努力地说服了 Peachpit 在我最终编写出 200 页（太多了）时完整地发布这本新书。Karyn，每个买书的调色师都应该跟你说谢谢。

最后，同样重要的是，我要感谢 Stephen Nathans-Kelly（编辑），他对书中越来越丰富的章节进行仔细审校，细心处理我的文字和技术上的内容，这些内容可不容易编辑。在 Karyn、Stephen 和 Peachpit 出版社的支持下，我得以持续创作我想要的书籍。我衷心希望读者喜欢这本书。

关于图像保真度的提示

在所有的情况下，为了在这本书里呈现真实的调色场景，我花费了大量的精力。但某些调整往往需要调得夸张一点才可以被注意到（因为是纸质书）。我突然得知这本书也将要提供数字版本，但是针对纸质和数字两个版本，我却只能提供一套图像。

不过没有关系，我认为配图是有助于明确主题的，虽然我不能保证这些图像在所有数字设备上都呈现出与纸原书一致的效果。对于那些在平板电脑、手机、智能手表、VR 设备或者谷歌眼镜上阅读本书的朋友，我希望你们同样会喜欢你们看到的内容。

关于下载内容的提示

通过这本书，你可以看到各种概念和技术被应用于商业制作场景中的实际案例。可下载的内容里包括各种 QuickTime 素材，你可以通过使用本书所述的技巧进行实践操作。这些素材都是书中每个示例的原始素材，你可以将其导入任一款兼容苹果 ProRes 素材的调色软件。如需素材，请通过联系邮箱 2230086411@qq.com 获取。

资源与支持

本书由异步社区出品，社区（https://www.epubit.com/）为您提供相关资源和后续服务。

配套资源

提供书中彩图文件。

要获得以上配套资源，请在异步社区本书页面中单击 **配套资源**，跳转到下载界面，按提示进行操作即可。注意：为保证购书读者的权益，该操作会给出相关提示，要求输入提取码进行验证。

提交勘误

作者和编辑尽最大努力来确保书中内容的准确性，但难免会存在疏漏。欢迎您将发现的问题反馈给我们，帮助我们提升图书的质量。

当您发现错误时，请登录异步社区，按书名搜索，进入本书页面，单击"提交勘误"，输入勘误信息，单击"提交"按钮即可，如下图所示。本书的作者和编辑会对您提交的勘误进行审核，确认并接受后，您将获赠异步社区的 100 积分。积分可用于在异步社区兑换优惠券、样书或奖品。

扫码关注本书

扫描下方二维码，您将会在异步社区微信服务号中看到本书信息及相关的服务提示。

与我们联系

我们的联系邮箱是 contact@epubit.com.cn。

如果您对本书有任何疑问或建议，请您发邮件给我们，并请在邮件标题中注明本书书名，以便我们更高效地做出反馈。

如果您有兴趣出版图书、录制教学视频，或者参与图书翻译、技术审校等工作，可以发邮件给我们；有意出版图书的作者也可以到异步社区在线提交稿件（直接访问 www.epubit.com/selfpublish/submission 即可）。

如果您是学校、培训机构或企业用户，想批量购买本书或异步社区出版的其他图书，也可以发邮件给我们。

如果您在网上发现有针对异步社区出品图书的各种形式的盗版行为，包括对图书全部或部分内容的非授权传播，请您将怀疑有侵权行为的链接发邮件给我们。您的这一举动是对作者权益的保护，也是我们持续为您提供有价值的内容的动力之源。

关于异步社区和异步图书

"异步社区"是人民邮电出版社旗下 IT 专业图书社区，致力于出版精品 IT 技术图书和相关学习产品，为作译者提供优质出版服务。异步社区创办于 2015 年 8 月，提供大量精品 IT 技术图书和电子书，以及高品质技术文章和视频课程。更多详情请访问异步社区官网 https://www.epubit.com。

"异步图书"是由异步社区编辑团队策划出版的精品 IT 专业图书的品牌，依托于人民邮电出版社数十年的计算机图书出版积累和专业编辑团队，相关图书在封面上印有异步图书的 LOGO。异步图书的出版领域包括软件开发、大数据、人工智能、软件测试、前端、网络技术等。

异步社区

微信服务号

目录

第一章

风格化调色

在深入探讨本书即将给大家介绍的丰富的调色技法之前，我们有必要考虑一下色彩风格的发展及其大量图像处理背后的思路。

这个过程就像爬坡：从简单的用高光（推向暖色）影响整体画面的色调，到分离高光、在高光区域作交叉处理风格，再外加一点暗调染色，最后做出模拟高反差的跳漂风格（skip-bleach）。你最终会发现，风格化的调色和色彩风格（look）这两者之间的差异并不明确，也不是不可互换的。主要的区别也许是你做了多少工作。也许是从源素材到调色结果，你做了多少改变。

然而当你面对一个图像时，图像内容及其风格可以给你传达明确的情绪或暗示。由西部很容易联想到温暖、沙子和对比度。吸血鬼电影带有大面积的暗部和冷光、不均匀的饱和度处理，而且在灯光里混合了不常见的颜色，能让观众感到神秘。然而，这些熟悉的视觉风格虽然老套，但能唤起你对时间或地点的感觉——简而言之，找到不同的、叙事性的特定方式让观众知道"我们已经不再是在堪萨斯"[①]。

> **注意** 本章结尾处的两小节摘自 *Color Correction Handbook: Professional Techniques for Video and Cinema, 2nd Edition*（Peachpit Press 2014），中文版为《调色师手册：电影和视频调色专业技法（第 2 版）》（人民邮电出版社出版）。

一般来说，对于任何一种调色或色彩风格，当你能清楚地阐明某个色彩风格与你手头的画

[①] 原文 We're not in Kansas anymore，引申出来的意思是指不在家乡（背井离乡），也可以形容某人脱离熟悉的环境。这句台词出自《绿野仙踪》（1939），是桃乐丝造访奥兹国时脱口而出的惊讶之语，后来这句台词被广为流传，至今已成为人人皆知的俚语、美国文化通俗词汇的一部份，常引申为到达一个陌生之处或是这个地方令你"大感惊奇"，是西方国家十分普及的形容词。作者举此例用于说明不同色调应该贴合项目叙事。——译者注

面和叙事内容相匹配时，它的效果就是最好的。

针对每个项目，设计出独有的色彩语言

黄色真是可怕的东西！

——埃德加·德加（1834—1917）[①]

　　色彩风格基于主色调的选用（即使是那种减少某个特定颜色的色彩风格），我认为，针对特定项目尝试用不同的方法来创建色彩语境是很有意义的，尤其是根据影片的叙事要求，可以更改色彩含义。例如，导演马特·波伦斯基（Matt Pellowski）的僵尸电影《丧尸围城（*Dead Rising*）》，图 1.1 展示了我对其中一个场景调色前和调色后的对比截图。

图 1.1　我对《丧尸围城（*Dead Rising*）》中的一场高潮戏调色前后的对比截图

　　根据影片的故事内容（一部有僵尸的恐怖电影）以及我对画面颜色的处理（淡蓝绿色的底色、墨黑色的暗部，保护了温暖的肤色），我带给观众的色彩印象如图 1.2 所示。

　　这符合观众多年的观影经验，观众很清楚和适应各种各样的视觉联想。事实上，这些关联在电影早期就存在。在介绍染料型黑白胶片时（第二十三章中有更详细的说明），柯达引

[①]　埃德加·德加（Edgar Degas），生于法国巴黎，印象派重要画家、雕塑家。代表作品有《调整舞鞋的舞者》《舞蹈课》等。——译者注

用了马修·鲁基什（Matthew Luckiesh）[①] 的《色彩的语言（*The Language of Color*）》（Dodd，Mead and Company，1920），说明在早期的电影里，色彩情感的冷暖轴就已存在。

> 现有数据完全一致：所谓的暖色（红色、橙色和黄色等）是从红色（猩红色）的最大值到黄色的较小值，被不同程度地刺激或激发的。绿色在这方面是相当中性的，蓝色产生严肃的情绪，而紫色被认为是庄严的。从光谱的颜色可以看出，从红色到紫色存在明显的差异，人们普遍认为，光谱的极端值及其组合（紫色）都会产生相当中性或宁静的情绪影响。这与我们的普遍经验完全一致。

然而，这些关联虽然存在但并不是绝对的，对色彩（语言）的其他解释可能在不同情况下也同样有效。尤其是，我发现电影的情感调色板与其故事内容息息相关。例如，如果我们要为在沙漠拍摄的电影进行调色，将色彩与情感相匹配可能会更有意义，如图 1.3 中的色彩原理图所示。

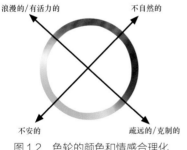

图 1.2　色轮的颜色和情感合理化

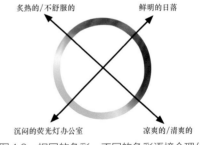

图 1.3　相同的色彩，不同的色彩语境合理化

我想表达的一点就是一个项目的故事内容会影响你决定合理化的颜色。虽然，颜色和情绪之间存在着被人们广泛接受的相关性，但是这些相关性的展现是允许有变动幅度的，它们在很大程度上取决于场景情况和个人风格。

不太理想的情况是，你在别的地方看过这个风格（包括这本书）并将它强加到你的项目上，

---

① 马修·鲁基什（Matthew Luckiesh）（1883—1967），物理学家，研究光和视觉，担任通用电气照明研究实验室主任。在他那个时代，他被称为"视觉科学之父"。鲁基什提出了几种关于颜色及其对人的生理影响的理论。在第一次世界大战期间，他研究伪装，后来发明了人造阳光和杀菌灯。资料来自维基百科。——译者注

并认为"这部电影的风格应该是这样的"。你设计的色彩风格要和客户的故事直接绑定，并在工作过程中遵循叙事结构，帮助叙事完成色彩合理化。而叙事，不仅是指讲故事，还包括表达。每条音乐录音带、宣传片、30 秒的广告或纪录片都以不同的形式来表达。如果你的客户想用高度风格化的方式来叙事，那么你要自己找方法来满足客户的需求。

你要经常反问自己，是否有一种方法可以更有针对性、更有创意地利用素材本身的色彩（来自美术部门和服装部门设计的色彩，来自摄影师拍摄创作的色彩）。

区分调色差异（对比调色前后画面）

无论什么客户或什么项目，你迟早都会被问到：你是否可以区分"你对客户想要什么的解读"与"当客户看见你调色后发现了他们真正想要的东西"这两者之间的差异。这会让你安静而礼貌地疯掉，这就是你需要为这项工作建造一个庞大的参考库的原因之一。

一天工作下来，你发现客户的需求比你疯狂堆叠的技巧更重要，所以你改了片子、渲染输出，在理想情况下，下班喝一两杯啤酒，吹嘘一下这个项目有多么酷，客户只让我稍微发挥了一下就完成了。这就是为什么有的调色师仍然喜欢做 MV 调色的主要原因（尽管大多数 MV 调色的预算并不理想）——调色师们在调色期间还能有疯狂创作的机会。

我经常翻阅时尚杂志和册子找些色彩处理的点子。我的妻子凯琳•拉施克也是一位造型师，她有很多相关的时尚杂志和目录，我们经常比较每季不断变化的摄影风格，这是个很好的比较随意的研究。

我花费了一周研究调色项目，准备在项目上试验一些我看到的新方法，可能客户不想要这样的效果，这是不可避免的。客户说他们想要的效果是漂亮的、干净的、有一点暖，具有舒服的反差而且不裁切黑位，特别是不要裁切肤色。

这些想法和要求都很好。常规的纪录片不会像音乐录影带一样。这让我更珍惜那些能更大胆调色的项目。因此，当我得到带有闪回和梦境场景的项目，或者客户想给特定场景或表演赋予一个标志性的风格时，我会有点兴奋；当我听到"我们可以看一下调色前后的差异吗？"的时候，我会感到苦闷，这句话有点尖锐。

这里我要讲的一个例子，不是基于某个具体项目，而是经验之谈。

我常做的第一步通常是简单的非破坏性的处理，将画面正常化之后我再判断后面的操作。在这种情况下，我会用一组简单的 Lift/Gamma/Gain 调整和一个适度的 YRGB 曲线调整来压缩暗部的趾部，获得图 1.4 左边所示的画面。

这时客户告诉我："对，我在自由人（Free People）[①] 的产品目录中看过这样的配色，我真的很喜欢褪色的蓝色阴影和漏光效果。你可以调成这样吗？我们试试吧！"

我说"当然好"然后下手继续调整，先用 YRGB 曲线创建非线性调整，通过分别调整不同通道的曲线来处理高光和暗部，以创建暖色或蓝绿色的差异；在特定影调范围创建高反差的同时保证画面平缓过渡，并通过控制曲线中蓝色通道的滑块来调整暗部的蓝色阴影（达芬奇 Resolve 的调整工具）。

然后我给客户看调色后的效果。可以预见的是，在一段时间的沉默后，客户说"我不确定眩光要不要，我们能看看差别吗？"这样的讨论会一直持续下去，此处我不赘述，色调通常会像图 1.4 所示一样演变。

图 1.4　这是慢慢削减色彩风格的过程。我最初的风格化调色（最左）、将风格减弱（中间），以及客户最终敲定的版本（最右）

最终的解决方案，我删掉了所有其他的调整，只是简单地调了 Lift 和 Gamma 就完成了，

①　自由人（Free People）是一家美国波希米亚服装和生活方式零售公司，销售的商品类别包括女装、配饰、鞋子、内衣和泳装，还涉及美容和健康类别。——译者注

画面中间调暖了一些，暗部非常中性。参考图像变成了麦格芬（MacGuffin）[①]，它仅给你提示了调色的大体方向。事实上，这不是客户之前提出的风格。

这种情况经常发生，因此，当有客户要求我做一些特别着急或大胆的色调时，我都有点怀疑。我不想浪费客户的时间，有时，当你花时间完成精细调色后发现，他们真正想要的是很简单的色调。另外，如果客户真的想要夸张大胆的色调，你要认真重视，不能让客户认为你太温顺，以免客户误会你是个没创意的操作员。

最后，我将这些内容归结为要尽可能去了解客户需求，而且在调色项目进行的过程中，前两小时是至关重要的。在开始色彩风格的探索时，要特别注意客户的口头和非口头暗示。用 3 个调整你就可以知道自己有没有押对客户的口味，如果没有，你可以迅速改变路线。

此外，如果你创建了一些很酷的风格，但客户最终不想要，你可以将它们保存起来用于其他项目。这就是静帧库的用处。

色彩风格的管理

许多调色系统允许调色师应用多组色彩调整，不管是叠加多个图层或节点、时间轴上的调整层，还是额外的 Timeline（时间线）工具[②]，都可以用于在每个镜头的调色之上再叠加操作。无论采用哪种方法，在高度风格化的项目中，调色师喜欢应用两组调色：一组是基本的调色，用于平衡每个镜头；另一组是整体的调色，用于为整个场景设定风格。

这是一个专业的工作流程，在客户可能改变五次主意的情况下它都招架得住。第一步先平衡画面，然后快速应用风格调整（层方式或成组方式，取决于调色系统）。客户不喜欢等到星期一你才把暗部偏蓝做出来，那也太慢了。

精细调整单个调色层（或组），将整个场景改变为淡蓝色阴影的同时保持暗部趾部不变，

---

① 麦格芬（MacGuffin）手法是一种电影的表现形式，表示某人或某物并不存在，但某人或某物却是故事发展的重要线索，是希区柯克最常用的一种电影表现手法。比如《房客》中的复仇者、《蝴蝶梦》中的丽贝卡、《迷魂记》中的玛德琳。有时又会利用虚化的事件，比如《后窗》中的推销员谋杀案。——译者注

② 达芬奇 Resolve 16 的 Timeline（时间线）功能，位于节点板块右上角。——译者注

而不需要重新调整每一个镜头。图 1.5 显示了如何使用 Adobe SpeedGrade 中的调整层进行设置。

图 1.5　在 Adobe SpeedGrade 中，叠加调整层（命名为"浪漫的褪色调色"）叠在时间线最后四个镜头上并应用了风格

　　然而，你会发现这种两步处理的方式可能比先匹配镜头再套用单个调色来做整体风格化的方式更耗时，前者对于要求简单的客户可能是不现实的。特别是，如果客户的"风格"定义是只要在高光加点暖、在中间调多加点蓝——这对于调色师来说只是用不同的方式来平衡场景，继续一级校色的调色就能轻松完成。

　　事实上，像纪录片项目这样的客户不想要任何太奇特的东西，中性调色和"风格"调色之间的差异可以微妙到甚至不存在。在这种情况下，在主调色（节点或层）内完成所有操作会更简单和方便。

　　底线是时间。如果你在一个预算充足的项目上工作并且客户在你调色期间出现的次数有限，那么可以利用停工时间提前平衡每个场景。当客户加入进来，你就可以将风格化应用至整个场景，并根据需要将这个风格修改两个或 3 个版本，从而获得客户的肯定。当你采用这种方法时请记住，一旦你开始从不同方向推动整个场景的反差或色彩平衡，那些之前看起来已经中性化的镜头可能会失去平衡，因此，即使你已经预调色了，你可能仍需要继续调整某些奇怪的镜头以保持良好的平衡。

　　例如，达芬奇 Resolve 提供了时间线调色功能，可以让你将色调一次性应用于整条时间线上的每个片段。在之前的场景中，如果你在调一个广告，你可以在客户来之前先单独平衡每个镜头。然后，当客户到达时，你可以在"时间线"节点板块应用额外的调色风格，专注于一组风格的确立和调整（图 1.6）。其他调色系统也有类似的工具可以实现相同的效果，比如片段成组、嵌套片段或层。

　　另一个需要考虑的事情是，调色工作流程并不总是"二选一"的。如果客户想要的主要风格是一个微妙的暖调子以及稍高的对比度处理，你可以决定在一级调色就做出来，那么你做的这个一级调色就很重要。然而，如果他们改变主意，并且想要整体风格冷一些并提升底部的黑位，你完全可以在之前的调整上添加这个调整，只要之前没有裁切或过度压缩有价值的图像细节即可。如果之前有裁切或压缩，那么你需要返回去更改一级调色来适应新的风格，或在一级调整之前加载用于修改的层或节点。

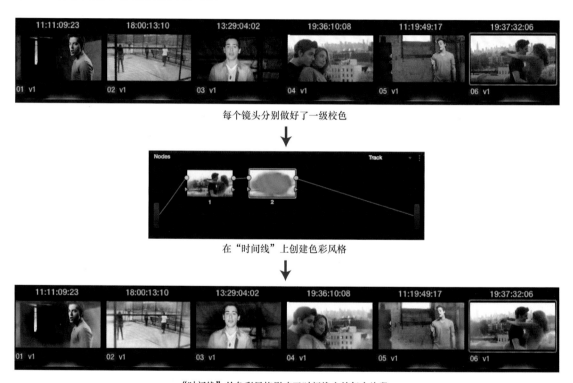

每个镜头分别做好了一级校色

在"时间线"上创建色彩风格

"时间线"的色彩风格影响了时间线上的每个片段

图 1.6　在达芬奇 Resolve 内，对每个镜头单独做色彩平衡并调色，然后用"时间线"调色功能将风格赋予到整个项目中

保存风格库

　　对于你做过的每个项目，你肯定做出了一到两个有趣的解决方案，这些方案可以用于解决

常见问题，或做出过"一招制霸"的风格，虽然它可能不适合手头的项目。相信你会注意到这些细节，并保存这些有用的调色信息用于未来的项目。

此外，当你使用本书介绍的技法来工作时，在练习创建某些风格的过程中，毫无疑问你会调出不同的变种。保存它们，但是不要停滞不前。如果你在公司里上班，利用项目到来之前的空档，尝试制作一些有趣的属于你自己的风格。

多尝试新点子，可以吸收从时尚杂志或 MV 中看到的风格，尝试创建自己的版本。当你注意到你以一种新的方式构建出一个很酷的调色或色调时，你可以看看是否能在这个风格上创建两到三个变种。最重要的是将这些所有的调色效果保存好，以备将来使用（取决于你所用的调色系统如何管理和调用）。

预设风格的一大优点是你可以马上将它套用在素材上，在那一刻你可以马上听到客户"哇哦"或"额"的反应，这就能告诉你调色的方向。我注意到，当你用传统方法从头开始做风格化调色、一步一个操作的话，有时负责监督调色的客户可能会紧张。而且，很多客户在你做好调色之前就想阻止你说："哦，我不知道啊，也许这样有点多……"，没有什么情况比这更糟糕了。

另一方面，如果你有一个预制风格，它由 5 个操作（层或节点）组成，当你应用风格时，它们会一次性全体现出来，客户可能会发出"哇，太棒了！"的赞叹。有时这种高效率的即时性，比让客户看着调色慢慢搭建风格会更好。作为一个喜欢为每个新项目创建定制风格的人，这对我来说是一件困难的事情，然而，你不可否认这个现象。如果你慢慢搭建风格，客户很有可能会打断你，但如果你直接套用预设来调，客户反而可能会很高兴。

> **贴士**　当我知道客户要求的画面效果会非常复杂和费时的时候，我会礼貌地提醒客户这个色调需要几分钟的时间才能做出来，并邀请他们去咖啡厅喝点东西、看看电子邮件或者在 iPad 上玩一盘"Modern Combat"游戏。一如以往，沟通是关键。

因此，如果你构建了一套属于你自己的风格（秘密配方），那么当客户说"给我看些不一样的吧"，你手上就不缺"素材"了。更重要的是，如果你根据客户的常见需求建立了一大套预设，或者如果你在开工前早早把一些可能要用到的特殊风格整理在一起，那么你可以为客户提供各种风格的快速尝试。因为客户自己可能无法完全表达他想要的画面风格，所以各个风格都挑选试试，一旦你找到线索，找到贴近客户口味的风格，那么你就知道后面紧接着要做些什么，你可以根据场景的需要自定义和重建风格。如果没有挑选到合适的风格，这也是一个很好的开展对话的方式，你可以和客户讨论调色方向。

这里需要注意，将"预设风格"应用在每个镜头上看起来都会不一样，风格被保存的时候是针对特定范围的色彩和对比度的，特别是如果之前用过 HSL 限定器来隔离特定范围的影调和色调这样的操作。因此，最好能记住哪些预设适用于哪种影调分布。

> **贴士** Adobe SpeedGrade 允许你重命名每个调色层的名字，以帮助你理清自己的工作。达芬奇 Resolve 允许你为节点添加标签。当你保存项目以供将来使用时，这些命名也都会被保留。

当然，如果你有一组特别受欢迎的预设，你可以保存基于该风格而调整出来的变种，让它适应亮一些或者暗一些的镜头。或者也可以标明哪些调整有哪些效果，几个月后当你应用该预设时，很容易发现哪里可以进行修改，不用花费几分钟来逆向搜寻之前的工程。

保护肤色免受过度调整的干扰

虽然这本书提供了许多让图像看起来非常酷的方法，但是在风格化过程中皮肤色调经常会被影响，肤色看起来会很奇怪。因为观众和客户对图像中的肤色很敏感，所以在开始对整个图像调一抹黄色高光和蓝色阴影之前，了解在风格化过程中如何隔离调整肤色是非常有用的。

保护肤色的简单方法

当你想为某个演员的出场环境创造夸张的色调时，这个方法非常重要。你要小心处理，否则镜头中的演员肤色会受到风格化调色的影响，我们会失去之前调好的正确肤色。

对于这种情况，常见的解决方案是用 HSL 限定器来隔离演员的皮肤，创建风格化调色。然后把这个二级调色的操作拆分开，分别单独调整蒙版的内外区域，拉开主体和背景并确保被隔离的主体颜色与新的光源相协调。

以下镜头是一个夜景镜头，已做了一级校色：扩大了对比度，压低阴影（在0%（IRE）保持细节），巧妙地提高了中间调，让女演员更突出。整个镜头是自然的暖色调，肤色良好。然而，由于各种原因，客户想要把场景环境变成冷色调（图1.7）。

图 1.7　完成一级校色后的图像

这种比较暗的镜头若把 Gamma 往蓝色（或青色）推效果更好，因为使用 Shadows 会导致背景中的黑急剧地往蓝色偏移，所以通常要避免使用。在整个图像中，保留场景中的纯黑色会带来更色彩化的视觉感受，而不是整个画面均匀地偏向蓝色。

但是，考虑到用 Gamma 控制会使女演员也变蓝，所以我们需要做些调整防止她变成蓝色的外星人（图1.8）。

图 1.8　如果我们盲目地按照客户的要求对背景和演员套用风格化的调色就会出现像图片上那样蓝莓般的肤色

> **注意** 从特效合成的角度来看，调色所制作的蒙版可能不是很理想，但请记住，你的目标是保护皮肤的中间色调，而不是处理蓝幕或绿幕。蒙版的边缘可能会有一点噪点，但只要噪点或不规则边缘在播放过程中不太明显，就可以用垃圾遮罩来处理。

添加第 2 个校正，用 HSL 限定器在女演员的脸上制作键控，色相、饱和度和亮度键控都开启，尽量隔离她的肤色，同时让肤色以外的背景内容越少越好（图 1.9）。如有必要，可以对蒙版边缘使用模糊处理。隔离肤色以后，反转蒙版，对选区以外的范围作适当的调整以限制下一步调色。

有了隔离的蒙版，我们将使用 Gamma 将画面推向蓝色，同时降低饱和度，让画面的冷色能沉下来，不至于太跳跃。为确保黑色区域依然是黑的（我并不追求 0% 完美的黑色），我们用 Lift 做一个相反的操作，用于平衡 RGB 分量示波器波形的底部。

图 1.9 使用 HSL 限定器，通过反转蒙版来隔离演员的肤色，并使用选区结果来调整肤色以外的整个区域

使用这种方式调整后能很好地保护演员皮肤的高光和中间调。然而，即使我们还没对演员肤色进行调整，现在画面看起来已经有点奇怪了：背景饱和度降低了，而且背景的颜色和肤色是补色关系，反而加强了两者的对比，演员在画面上像突兀的橘子汽水。显然，现在演员与场景的光源之间没有相互关系，导致场景中人物的人为感很强。

若要解决此问题，我们需要添加第 3 个校正，使用我们已有的 HSL 选区的反向版本。

新加一个校正反转蒙版，这样可以很容易地降低演员肤色的饱和度，使其更好地融入场景的色彩层次中。使用 Gain 把她调得偏蓝一些也是一个好主意，这样她的肤色看起来像受到了环境光的影响（图 1.10）。

图 1.10　添加另外一个色彩校正，让女演员的肤色与背景更加贴合，看上去更加真实

这样的调色结果虽然很大胆，但看上去却是自然合理的。当你需要对环境做一个大胆调整，却害怕这样会使环境中的人物看上去很可怕的时候，这个手法是十分有用的。这也是一种在色彩对比低、人物与环境融合太多的背景中，能使演员在观众眼中突出的方法。

在复杂调色中往前找回肤色

如果你的影片既需要夸张的色彩风格，又要保持画面中某个元素不受影响，这是很有挑战性的。当你在精心地完成一系列色彩调整后，你意识到需要给画面找回真实的肤色，很多调色软件提供了这种处理方式：可以从之前的层或节点中抓取出需要用到的区域（或信息），然后将它应用到有需要的层或节点。图 1.11 所示是一系列试探性的调整处理后的图像。

现在的肤色明显需要适当处理一下，但有些客户非常喜欢调色痕迹很重、色调覆盖整个画面的手法，而你会犹豫：现在处理肤色的话，会不会搅乱前面这四个节点？如果你所用的调色软件允许这样处理，那么可以用遮罩或限定器分离画面中的某个元素，将之前的图像信息抓回来，覆盖在之前调色的结果上。图 1.12 使用达芬奇 Resolve 展示了这个手法（使用了层混合节点（Layer Mixer）），节点 6 使用限定器，从最初调色的节点 1 中获取图像信息，最后将画面结果建立在节点 4 的色彩效果上。

图 1.11 在夸张的风格化处理之后，画面中皮肤的颜色效果并不理想

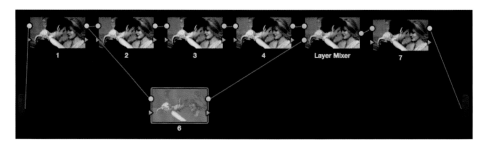

图 1.12 用节点 6 来抓取节点 1 的数据信息，在节点 6 分离并改变肤色，最后将画面结果建立在节点 4 输出的色彩效果上

当你第一次做这项操作时，皮肤颜色可能与场景颜色根本不匹配，对键控的皮肤进行微调能让肤色更贴合场景，从而获得满意的效果（图 1.13）。

图 1.13 最终画面，现在的肤色是从之前的调色节点中抓取回来的，而且也能与之前经过多重处理的夸张的色彩风格相匹配

> **不要再因为"Orange and Teal"（橘色和蓝绿色）给我发邮件了！**

前几年在网络上有一系列很火的文章，是关于在冷色调的背景下加强肤色的优势和劣势的，这些文章已经被贴上了"橘色和蓝绿色风格"的标签。斯图·马施威茨（Stu Maschwitz）有一篇很棒的概述"保留我们的肤色（*Save Our Skins*）"（含图片）；而博主 Todd Miro 对于整个发展趋势的尖锐批判更幽默地呈现了这一主题，"橘色和蓝绿色调——好莱坞，别再疯了（*Teal and Orange—Hollywood, Please Stop the Madness*）"。

是这样的，正如我希望这本书可以说明的，现代的色彩校正技术已经可以实现图像细分处理，对其中的每一个元素都做单独的校色，这样就可以很容易获得高色彩对比的画面，正如先前看到的例子一样。这与特殊的配色方案无关（这些是由前期美术部门创造的），但是当面对风格强烈的调色或布光时，它与如何保持颜色分离就有很大关系了。我也要指出，不是每次夸张的用色都是调色师的错——也有可能是摄影师在前期拍摄时使用了大量的色纸，"污染"了整个场景，这种情况在过去十年都很常见（应客户要求，在某些项目中我需要降低前期拍摄时过多带颜色的灯光）。

正如《调色师手册：电影和视频调色专业技法（第2版）》中第三章讨论的，自然光的色调范围是从冷（蓝色）一直到十分暖的颜色（钨丝灯和"黄金时间"的橘色）。然而并没有那么多普通、正常的场景，你往往需要与辅助光（补光）里的品红或者绿色打交道。

此外，我们已经看到人的肤色自然落在橙色到红色的色调内。这意味着，如果你打算在各种相对自然的色彩中保持高色彩对比度，但是拿到的素材在拍摄时又是夸张和高度饱和的灯光设计，那么你迟早要处理演员的暖色和背景的冷色之间的互动关系——除非你要让绿色的演员在紫色的灯光下。那就有一个问题：肤色并没有融入色调氛围内。

夸张的色彩处理可能是错误的，过分的调色会分散观众对影片内容的注意力，会让观众更多地关注某些特定的物件，而不是将注意力放在整体图像或叙事本身（不过，如果你是为 MV 和广告调色，反而可能会利用这个手法）。数字调色处理常会出现以下两种情况：

- **饱和度过高的肤色**。如前所述，肤色的饱和度视情况而定，但一般肤色都有一个相对上限，观众对色彩的感知会随着背景颜色的饱和度而变化。如果背景是柔和的颜色或被互补色（淡蓝色）所主导，那么色彩的感知会有所加强，所以，若画面需要自然一些的处理，可以减少一些肤色的饱和度，防止皮肤看起来过于夸张。

- **被过度保护的肤色**。肤色与场景中的主导光源是互相影响的。如果背景是冷色调但是肤色并没有反映这一点，那么调色后的结果会看起来像是抠像合成的：前景和背景的色彩并不匹配。

最后，如果是面向客户的话，我会提供多种方案供他们选择。我个人倾向于在保持真实性的前提下进行风格化的调色处理，但是如果客户想要某个元素特别鲜明，我会用一些特定的工具来调整。正如很多人指出的，过度隔离肤色毫无疑问成为当下的一个视觉特征，但这没什么好苛责的，色调本身并没有错。

第二章

漂白旁路风格

在各种流行的色彩风格中，漂白旁路（bleach bypass）占有一席之地。这种胶片处理方式在下面这些电影中得到普及：例如《1984》（摄影师：罗杰·狄金斯（Roger Deakins）），《黑店狂想曲（*Delicatessen*）》（摄影师：戴瑞斯·康吉（Darius Khondji）），《夺金三王（*Three Kings*）》（摄影师：纽顿·托马斯·西格尔（Newton Thomas Sigel））和《拯救大兵雷恩（*Saving Private Ryan*）》（摄影师：安德列·巴柯维亚（Andrzej Bartkowiak））。

漂白旁路（也称为银保留或跳漂）是指一种特定的胶片冲印过程，在洗印过程中跳过了漂洗阶段，而漂洗阶段会去除最初形成图像的银颗粒。卤化银颗粒保留在负片上，产生更大的密度，从而增加了图像对比度，增加了颗粒并且降低了饱和度。

如果项目在拍摄和冲印调色都使用胶片，不同胶片洗印厂对银保留的处理会不同，但基本都是控制反差、加深（和压掉）暗部、改变饱和度、（偶尔）过曝高光以及增加颗粒。

注意　关于银保留的处理有一篇很棒的介绍文章，收录在美国电影摄影师协会杂志1998 年 11 月的 "Soup du Jour"（每日一例），请浏览 ASC 官网。

当客户要求你做此风格时，你可能需要请他们简单地描述想要的图像风格。如果他们想要的是较暗的阴影、较高的对比度、过曝的高光或低饱和度，你可以使用简单的色彩校正和曲线来完成这些调整。

模拟漂白旁路风格

所有银保留处理的本质是在图像上进行灰阶复制的叠加。叠加的密度随着对比度的增加和饱和度的降低而变化。

事实上并不存在一种唯一的漂白旁路风格。相反，许多变化和变量通常要针对特定项目的需要而定制。以下两种手法只是我自己的方法；如果你跟 10 个调色师讨论，你会得到 10 种不同的方法，而且每个方法都有许多变种。

当然，如果你问 10 位客户他们认为漂白旁路风格应该是什么样子，你也会得到 10 个不同的答案。

方法 1

这种方法涵盖了如何使用简单的校正来创建漂白旁路风格。你可以使用达芬奇的亮度对比度控制（Luma-only）来增加黑位的强度，这样可以选择性地调整 Y 通道而不会影响红、绿、蓝通道。在其他调色系统（如宽泰（Quantel）的 Fettle 曲线界面）也能找到只有亮度的对比度控制，提高亮度反差并降低图像的感知饱和度对于创建漂白旁路风格非常有帮助。

图 2.1 的画面是应用漂白旁路的理想镜头。这是个阳光明媚的外景镜头，而客户想找个办法让这个场景看起来不那么热。

图 2.1　原始画面，我们即将创建漂白旁路风格

要创建漂白旁路风格所需的对比度，你需要处理以下步骤：

1. 为这种强烈的亮度叠加的风格做好准备，首先添加一个与最终结果相反的校正。使用

YRGB（亮度/红/绿/蓝）主对比度控件来调整，或者调整 Contrast（对比度）和 Pivot（轴心），任意一个方法都是通过改变信号的所有分量来调整对比度，以压缩反差，从而提高暗部并将高光降低 10% 至 15%（IRE）。压缩多少对比度取决于画面所需的反差强度；压缩越多反差越大，减少压缩反差相应减少。

2. 接下来，调整 Gain 让场景暖一些（不需要太多）并同时保持 Gain 的色彩平衡中性。毕竟这是一个暖色的场景。

3. 现在添加第 2 个校正器，注意，这里是神奇的转折点。当你从调整 YRGB 变为只调整亮度对比度（Y'-only）时，降低 Lift 并增大 Gain 的值，这会扩大 Y 通道（亮度）的对比度而且不会增加色度分量。

正如你在《调色师手册：电影和视频调色专业技法（第 2 版）》第二章中所学到的，提高 Y（亮度）而不影响 Cb 或 Cr 能获得更高的对比度，同时会减少画面的饱和度（视觉上减弱了），所以对于制作漂白旁路风格，用这个方法一举两得。现在你得到了从黑到暗部区很好的密度以及柔和的色彩（图 2.2）。

图 2.2　左图，在初始校正中降低图像的对比度以便用亮度调整来提高反差，如第 2 张图像中的对比度状态（右图）

4. 接下来，雕琢饱和度。添加第 3 个校正，你可以用 HSL 选色来隔离中间调。然后切换到蒙版的外部（在 Resolve 中通过添加一个外部节点进行此操作），将高光和暗部一起去饱和，饱和度的值可以多作尝试（在这个节点我将饱和度降低了约 85%）。这步操作增加了阴影的比重和更多的"漂白"高光。

> **注意** "漂白旁路效果就是（直接整体地）去饱和度"，我认为这样说并不精准。光
> 化学跳漂白的素材中包含很多颜色，只是影调被隔离了。这不意味着你不能选择性地
> 去饱和了，因为在这一点上，主要是个人品位的问题。

5. 切换回选区内并增大一点饱和度（我已经添加了 10%，如图 2.3 所示）。

图 2.3 分离中间调以便选择性地降低高光和暗部的饱和度，同时轻微地增大中间调的饱和度

6. 最后——这纯粹是个人品位问题——你可以选择添加最后一项调整，使用非常少量的
   锐化（我添加了大约 10%）让图像更硬朗。这是有理由的，因为跳漂白的光化学过程
   通常会强化胶片颗粒，而增加锐度会强调画面上的颗粒、噪点或纹理（质感）。

> **贴士** 添加锐化时注意不要过度。在调整的过程中过度锐化在当时来说有可能看起
> 来不错，但再回头看效果通常并不好看。

图 2.4 是得到最终风格所用的全部节点树。

图 2.4 在达芬奇 Resolve 中实现漂白旁路效果的节点树

现在调整完毕,我们比较一下原始图像(图 2.5,左图)和调整后的漂白效果(图 2.5,右图)。

图 2.5　调整前后对比。右图做了漂白风格处理并添加了一点锐化,最终画面比原始画面(左图)更有冲击力

以下是处理漂白风格的几个关键要点,你可以调整这些要素,创造属于自己的漂白旁路风格。

- 改变亮度反差值使其更大(使用只有亮度(Y'-only)工具来调整),以及更改暗部密度(使用亮度曲线调整阴影区)。

- 改变高光区和暗部区饱和度的值以及整体图像饱和度(我看到许多漂白旁路效果更戏剧化地降低饱和度)。

- 可以增加或减少锐化;如果真的想要画面质感更加硬朗,可以加入胶片颗粒模拟的素材。

你还可以基于色调来选择性地调整饱和度。在这次练习的例子里,稍微将草坪绿色的饱和度降低,可以让画面更暖,相当于通过降低场景中的色彩对比来强调已经存在的橙色。

方法 2

这种方法在基础校正(或未调色原始素材)的顶部,叠加去饱和的调色节点(或调色层或 Scaffold),然后使用某种合成模式来组合这两个图像,再通过控制底层片段的颜色来精调最终的画面效果。

这种方法适用于能用合成模式将层或片段组合在一起的调色系统。在这个例子中，你将会用 Assimilate Scratch 来创建这个效果。

1. 像之前的调整一样，创建基准（一级）校色，调好对比度、亮度并轻微地降低饱和度。

2. 接下来，添加一个节点（或者是层、Scaffold 或 Strip，取决于调色系统）用于叠加暗部密度。在这一层里完全去除图像的饱和度，然后调整亮度曲线来加深暗部，同时保留高光不变（图 2.6）。

图 2.6 增加暗部密度的另一种方式：使用合成模式将未校正的图像（左图）与自身去饱和度的版本（右图）组合叠加

3. 用 Assimilate Scratch 的 Luminosity（亮度）合成模式，将结果与底层的调色层相结合（图 2.7）。

Blend	Screen
Over	Lighten
Inv. Over	Darken
Inv. Blend	Color
Add	**Luminosity**
Subtract	Difference
Multiply	

图 2.7 Assimilate Scratch 提供的合成模式

现在已经实现了风格的第一部分，画面对比度变得极高，暗部密度大。Luminosity 在用于漂白旁路效果时是很有趣的合成模式，因为它能将顶层的亮度与底层的色度相结合。在这种情况下，它加强了图像中最暗的部分，从而创建出这种风格所需的暗部密度。

基于不同的调色系统，你还可以针对不同情况使用其他合成模式，对于曝光不同的素材，其他合成模式可能会更贴合实际的工作。

- Overlay（叠加）模式是另一个不错的选择，它保留了底层图像 50% 以上的区域中最亮的值，以及底层图像低于 50% 的区域中最暗的值，使用 Overlay 在本质上是通过添加另一层图像密度来增加对比度。

- Multiply（相乘）通常会产生较暗的结果，叠加校正层的白色区域则完全透明，而最黑的区域仍然保持。

- Soft Light（柔光）合成模式通常会保留更多的中间调细节，并为高光提供更多的控制。

使用 Luminosity 得到的图像有点"浓重"，因此，通过调整底层的一级校色（或底部调色层）来进一步完善这个风格。

4. 在一级校色提高 Gain，为图像找回更多画面细节。若高光太强，则需要将其稍微降下来一些。

5. 最后，做与之前相同的操作，使用亮度限定控件隔离中间调影调区，然后反转蒙版，降低这个区域（高光和暗部）的饱和度，从而使画面的颜色变暗，但不用完全去饱和（图 2.8）。

图 2.8　与亮度层合成后再选择性微调高光和暗部的饱和度。这是最后的画面效果

这时我们就完成了调整。你完全可以尝试使用其他合成模式，试验不同节点或调色层之间的相互作用，你会发现很多惊喜，而且将来还能用得上。

第三章

蓝绿通道互换

接下来介绍的手法简单又高效，能为图像创造奇妙的色彩。这个方法要求你所用的调色系统具有重新分配色彩通道的能力，因为我们需要将蓝色和绿色通道互相交换，有效地将一个通道的灰度图像替换为另一个通道的灰度图像（图 3.1）。

图 3.1　上图是原始画面，下图是蓝绿通道互换后的效果

　　保留红色通道的优点在于可以保持肤色，皮肤色调含有大量的红色。尽管画面上的天空、绿叶等元素的颜色诡异，但是保留肤色会让人物成为场景中的主角。

　　不同调色系统执行的色彩通道分配方式有所不同。达芬奇 Resolve 可以通过 RGB Mixer（RGB 混合器）中的一组按钮来实现。Assimilate Scratch 在 Levels（级别）[①] 部分中有一组三色通道混合器弹出菜单。可以在弹出窗口中选择 R=B 来将蓝色通道数据分配给红色通道（图 3.2）。

图 3.2　Assimilate Scratch 的通道分配弹出窗口

　　在做风格化处理的时候并不一定要将其应用于整个画面，在进行蓝绿通道互换的时候也是。你可以结合第四章讲到的模糊和染色遮罩手法，选择性地为画面添加一些趣味，而不是对图像做整体处理。

---

　　① 　根据最新 9.2 版本的 Assimilate Scratch，Levels 菜单已更名为 Balance（平衡）。——译者注

第四章

模糊和带颜色的遮罩

下面这个手法是使用 Shape 窗口或 Power Window 制造大光圈效果。基本思路是在遮罩上将颜色和（或）模糊组合应用到图像的边缘。我首先想到《爱的原罪（*Oral Fixation*）》里面一场幻想戏的开篇镜头。之后，我也看到了 2008 年的《通缉令（*Wanted*）》（数字调色指导：史蒂芬·斯科特（Stephen J.Scott）[①]，EFILM 公司）用相同的手法来表达人物主观感受的变化。当你使用非常柔和的遮罩时，这种技术最有效。图 4.1 的示例使用椭圆形遮罩，在遮罩以外使用了高斯模糊并将 Gain 往红色方向调。

图 4.1　做了模糊并染色的遮罩，轻松地改变了画面的真实感

---

① 　史蒂芬·斯科特（Stephen J.Scott），调色指导，完成片制作主管，代表作品有《哥斯拉》《欲望都市》等。——译者注

　　在遮罩内可以做夸张的调色，也能与正片负冲风格（详见第五章）结合在一起来创作，从而非线性地调整画面的色彩。

　　图 4.2 中，对于调色前一个看似平淡的定场镜头（空镜），在对遮罩内外应用两组不同的曲线操作后，营造出了房子老旧、复古的氛围。

图 4.2　在遮罩内和遮罩外分别应用不同的正片负冲效果。素材本身已有的模糊效果是由摄影机的运动模糊造成的

　　千万不要低估一个简单的遮罩能带来的效果。

第五章

模拟正片负冲

　　正片负冲，又名交叉冲洗，是通过对特定类型的胶片，特意使用错误的显影液来进行化学冲印的手法。目的是想获得随机的色彩创意，显影液不匹配导致色彩通道之间发生美妙的互动，能为画面带来很多意外的惊喜（图 5.1）。

图 5.1　正片负冲的 3 个实例

调色师们通常会用到以下 3 种正片负冲的色彩风格。

- 用 C-41 药水冲印正片后得到的色彩效果（C-41 药水本来应用于冲印负片）。所得画面通常对比度高，从暗部到高光都会有强烈的色偏。

- 用 E-6 药水冲印负片后得到的色彩效果（E-6 药水本来用于冲印正片）。这通常会导致低对比度柔和的粉彩风格（见第十章）。

- 红调胶片（red scale）实际上并不是一个化学过程；相反，它是指在相机中反装胶片的技术（这不是一个错误，它是一种技术！）。所以红色层会先曝光，然后绿色层再曝光。蓝色层因为位置颠倒被其他两层隔开了，完全不曝光（图 5.2）。

　　当你用化学手段改变照片时，你不会马上知道照片的画面结果（尽管你能根据胶片或显影液的普遍特征来预测画面效果），当然这就是摄影师的乐趣之一。

图 5.2　使用红调胶片拍摄的照片。来源：维基百科

　　幸运的是，对于专业的调色师来说，可以用数字化的方式，用颜色通道曲线来控制颜色通道从而获得类似的色彩风格，这种方式比传统冲印有更大的控制权，而且具备可以反复推翻尝试这种优势。这些可以作为丰富的色彩风格库，无论是用于 MV、时尚大片，还是针对某个需要做独特的、颜色变化多端的镜头或场景。

用曲线做出正片负冲的效果

　　让我们来看看用于完成这种色彩风格的 3 组曲线调整。请注意，在曲线调整的过程中，我并不是精确地去模拟那些胶片与化学药水的特定组合所产生的颜色，而是在这个过程中调整色彩通道之间的关系。我通常是不断调整，直至得到满意的画面结果。

　　首先，来看一个我认为的经典风格：在红绿色通道上应用 S 曲线，在蓝色通道使用相反的 S 曲线（图 5.3）。调整后增加了高光的黄色，暗部引入了蓝色并最小化了中间调的着色（取决于曲线调整后与原中性位置的接近程度）。

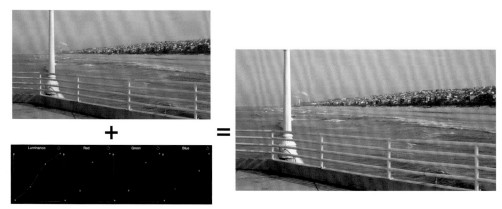

图 5.3　轻微黄色调的正片负冲效果，带有绿色和冷蓝色的暗部

　　不考虑对比度，现在的结果是舒服的淡黄色风格：有点复古，也有点前卫，丰富的黄色为场景增添了一些活力。这是一种很好的柔和的风格，并具有很大的变化空间。

　　接下来，我们将尝试在红色通道做相反的 S 曲线，而在绿色通道中应用 S 曲线并提高黑位，提升蓝色通道的中间调（在曲线中打一个点然后提高）。结果如图 5.4 所示，高光是柔和的蓝绿色组合，淡蓝色的色偏延伸到暗部。提升亮度曲线的底部还能增强冲洗效果，补充画面所需的薄薄（轻浮）的色彩感觉。

图 5.4　完全不同的另一组曲线调整会创建出完全不同的正片负冲效果。注意绿色通道被抬起的黑位和对应亮度曲线的黑位位置，这样的曲线操作能创造出冲洗效果

　　结果是图像色彩被淡化，灰黑的黑位让整个画面沉浸在蓝色偏色里。红色仍然保留在整个图像中，而各种冷色和绿色的色调给画面带来忧郁的氛围。

　　最后，我们来看一下如何制作红调胶片风格。一般来说是在蓝色曲线上将高光点切到底部，大规模地减少蓝色通道（甚至除去蓝色通道，取决于你希望得到画面的红色调有多重）。与此同时，提高红色曲线的中间调来模拟（胶片上）红色感光层的过度曝光，也要轻微提高绿色通道的中间调来保留一些黄色的色彩对比，让画面不仅仅是简单的红色调（图 5.5）。

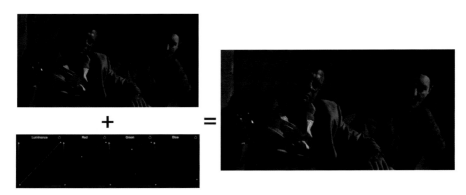

图 5.5　模拟反装胶片的红调风格

　　结果是一个立体的、饱满的色彩风格，完全符合本身这个镜头的场景（有趣的是，画面本身没有太多蓝色，所以扁平化这个通道并没有太大效果）。

正片负冲的特点

　　多年来，我创建了一个正片负冲的色彩风格库，我喜欢称之为"搞什么鬼（what the hell）"系列。如果客户想要一些奇怪的风格，但又表达不出来想要的效果（通常客户们会说"给我惊喜吧"），我会把来自不同项目的调色参数应用到当前镜头上，如果客户对某个色彩风格满意，那我会把它作为该项目色彩风格的起点，再将色彩调整到适合当前场景。

　　沿着这个思路，请记住，任何特定形状的曲线都高度依赖目标镜头的影调范围。在较暗的镜头上应用一个既定的正片负冲预设，效果会比应用在较亮的镜头上更不一样，如图 5.6 所示。

图 5.6 将之前做的 3 组曲线调整分别应用到当前画面。像光化学过程一样，永远都不确定你将会得到什么

注意 在创作这种色彩风格的过程中，很容易破坏某个色彩通道的高光。如果你调色的项目需要在电视上播出，要确保控制好 RGB 的合法并留意高光和暗部饱和度是否会超标。你可能要在一系列调整后降低高光和（或）提起暗部，以避免质检违规。

在用这个手法探索哪种色彩适合你的画面时，请注意以下几点提示。

- S 曲线会增加通道中高光的强度，减少暗部的强度。反向的 S 曲线会降低通道中高光的强度，增加暗部的强度。在某些通道上应用 S 曲线，而在其他通道上应用反向的 S 曲线则会让色彩之间产生非线性的相互作用。

- S 曲线和反向的 S 曲线能让中间调维持在原始的色彩附近，这具体取决于你是否需要保持中间调。而人的肤色属于中间色调，因此在创意性地探索色彩通道时，注意保留一些自然肤色。

- 线性地更改色彩通道会导致原来的中间调难以找回，但这样处理某个通道会直接改变整个图像（将蓝色曲线的顶部控制点拉到暗部，正如红调一样）。

- 提高某一个色彩通道（的暗部）有助于冲洗暗部，从而导致暗部偏色。保持每个通道的底部固定在 0%（IRE），无论你在整个图像的其余部分做些什么，也可以保留绝对的黑。

- 将某一个色彩通道的高光降低到 100%（IRE）以下会导致高光的偏色。而同时将所有色彩通道的高光点固定在 100% 可以保留绝对的白。

除了考虑这些，你要问问自己希望高光的主色是哪个颜色，暗部的主色是哪个颜色，以及中间调是哪个颜色（保持中性或偏色），可以预先构想你所要的正片负冲效果。

第六章

日调夜处理①

> "天色很快就暗下来了，葡萄色的黄昏，紫色的黄昏笼罩在柑橘林和狭长的瓜田上；太阳是榨过汁的葡萄紫，夹杂着勃艮第红，田地是爱情和西班牙神秘剧的颜色。"
>
> ——杰克·克鲁亚克② 《在路上（On the Road）》

日拍夜 / 日调夜是一种在白天进行拍摄并模拟成夜晚效果的手段。日拍夜的手法经常被用于这种情况：没有时间或预算在实际场景中进行夜晚拍摄，但又需要该场景的夜戏镜头。（其实场地的大小并不是借口；请回忆雷德利·斯科特（Ridley Scott）③ 的《末路狂花（Thelma and Louise）》在犹他州纪念碑公园拍摄的场景。）

理想情况下，你会与摄影师一起合作，从场景的灯光开始对场景的日拍夜进行设计。日拍夜使用摄影机内置效果和灯光技巧，这种方式已经用了几十年，重点在于以下几点。

- 保持浅景深（使用摄影机广角拍摄的夜景通常不具有较大的景深）。

- 取景时尽量不要把天空也取进来，摄影机尽可能背对阳光。黄昏时拍摄的话（构图上）完全切掉明亮的天空是个问题，使用不同档位的灰片和偏光滤镜可以减弱天光。

- 使用中性灰度滤镜（简称中灰镜或 ND 镜），该滤镜被设计为降低画面对比度，减少光亮和色彩。

---

① Day-for-night 在书中涉及前期"日拍夜"和后期"日调夜"。关于前期拍摄的内容译为"日拍夜"，在讲述后期处理时翻译为"日调夜"，以方便读者理解。——译者注

② 杰克·凯鲁亚克（Jack Kerouac，1922—1969），美国作家，美国"垮掉的一代"的代表人物。他的主要作品有自传体小说《在路上》《达摩流浪者》《荒凉天使》《孤独旅者》等。——译者注

③ 雷德利·斯科特（Ridley Scott），英国著名电影导演。代表作有《异形》《银翼杀手》《末路狂花》《黑鹰坠落》等。2018 年获英国电影学院奖（终身成就奖）。——译者注

- 设计整个打灯方案，将背景的内容尽可能都放在阴影里，同时根据实际场景保持前景对象适当地被照亮。银色反光板通常用于提供柔软的"冷色的"月光。

- 欠曝 1.5 档到 2 档使场景暗淡，加强夜晚的效果。

即使在不太理想的情况下，拍摄时没有注意这些要点，（在后期）也有不同方式可以重新数字布光来创造可信的夜晚效果。

> **注意**　由于图像太暗，因此本章的示例图像在印刷准确还原方面的难度很大。请记住，日调夜的效果取决于谨慎把控黑位与保留足够暗部细节之间的平衡，以防止图像变得太粗糙和平得令人难受。

真正的夜晚效果

在深入了解各种各样的"伪造"技巧之前，让我们来看一下真实的夜晚效果，提醒自己真实的夜晚场景都有哪些重要特征。以下 4 个镜头（从图 6.1 至图 6.4）都做了简单的一级校色，已经还原场景，同时完全保留了场景最初的打灯方案。

第一张静帧是一个浪漫喜剧中的街道照明场景（图 6.1）。

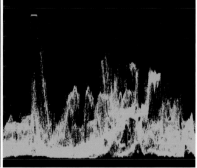

图 6.1　一个室外夜景

　　在低通模式（LP，Low Pass）下检查波形示波器（图 6.1，右图），我们可以看到图像没有特别的曝光不足问题，这把我们带回了起点。不能因为是夜晚而让镜头里主要物体的高光也欠曝。均匀打光的场景不会特别亮，但在场景中拥有健康的亮点尤其是光源是完全可以接受的。

　　重点是要保证环境光是有意义的。注意天空是黑色的，这是夜晚的主要视觉线索。阴影更深，特别是在远处，而且色温是人造的色调（略带橙色，灯头是钠蒸气灯）。现在画面有健康的高光和中间调，演员们还有足够的影子来表明场景中实际的光源方向。没有人会把这个场景跟日光场景混淆。

　　下一个镜头是在车库里拍摄的室内夜景（图 6.2）。

图 6.2　室内的夜戏场景。带有人造高光的车库

　　这个画面的风格目标是在黑色里创造出强烈的高光。不过请注意，黑位并没有被压掉，在暗部仍然保留了大约 3%（IRE）的有价值的阴影细节，为画面提供质感。这个场景的对比度更高，这是因为高光区域的轮廓光提供了可视性，而不是低调子的辅助光，但是即使这个画面的平均亮度低于图 6.1，仍然有许多环境高光从黑色里突显出来，这有助于创造空间感。

　　下一个画面是车内镜头（图 6.3）。

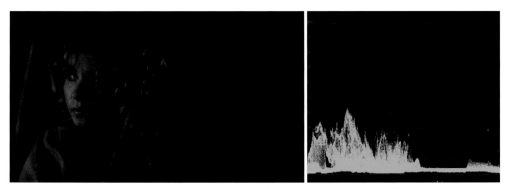

图 6.3　车内的夜景。我们选择不把黑色切掉，这样能带给观众微弱的空间感

　　在这个画面，从打灯方式上自然地圈选了演员，像遮罩一样。这是一个非常黑的场景，但女演员脸部的高光依然在 35% ～ 40%（IRE）以上。根据同时对比效应（simultaneous contrast），图像中的黑色使这些高光看起来比实际更亮，这对我们有利。但是我们没有必要让演员变得更暗；阴影比例落在演员的脸部和上身，这表明了场景中的低照明条件，并让她的眼神有些光亮。再次，要注意尽管最黑的阴影触及 0%（IRE），但是刻度底部的其他阴影细节仍然不会被切成黑色，从而使观众对周围环境有一定的了解（虽然这个场景如此黑）。环境光的提示线索把整个场景建立起来了。

　　最后，我们一起看看某电影里的倒数第 2 个场景（图 6.4）。

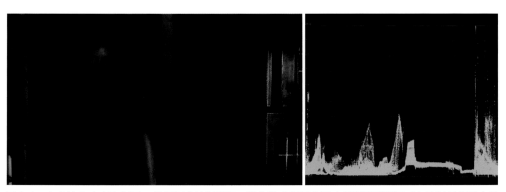

图 6.4　完全的室内夜晚场景。必须细致控制打灯，以免这个场景在没有清晰视觉提示（如窗外的黑暗）的情况下看起来像白天

这个镜头用了经典的冷色，甚至是直接用了蓝色的夜晚打灯方案，比上一个例子多一点环境光。然而灯光被切割，模仿穿过窗帘、百叶帘或树木之后落下的光。这些光和阴影组合意味着这是个夜景，即使场景中有一些高光达到了 100%（IRE）。这些灯光还为镜头的关键元素提供可见性（她往前的脸部和手臂），为后来的视觉提示提供线索，比如她握着刀的手进入光束（光区）。

所以为了可以提炼出一些共性，将表现夜景镜头的打灯关键归纳为以下要点。

● 不对天空取景，或者天空是黑色的，再次强调无阳光。

● 直射高光可以扩展到 100%（IRE）。

● 主体的高光和中间调不一定要曝光不足，但是高光与阴影的比例应该很高。

● 在低光条件下，红色是我们眼睛失去敏感度的首个色相，这导致场景中红色元素选择性地去饱和。

● 整体环境相对于观众所感受到的实际光源而言应该有适量阴影。特别是距离远的区域应该落入暗部。

● 没有必要将黑位统一至 0%（IRE）来获得夜戏风格；事实上，如果保留些许阴影细节所提供的纹理和环境定义，很可能会得到更好看的画面。

创建外景的日调夜风格

如前所述，最好的日调夜风格需要结合前期拍摄的灯光设计。然而，有时你会被要求重新调整原本不是在夜晚场景下拍摄的镜头。在这些情况下，你可能要用各种手段来修改画面的各个方面，尽可能接近所需的夜戏风格。

例如，图 6.5 的原始图像看起来像是在某个白天的下午拍摄的。

有时会出现这样的情况，导演在后期制作时要求这个场景发生在晚上，这就需要做大量的修改。虽然起初这个场景看起来似乎不太理想，但快速浏览一遍会发现，镜头内还是有一些可用的东西。

图 6.5　原始未调色画面，现在需要调成夜戏

首先，这个镜头被灌木丛包围，这提供了一个自然的遮罩，其次，地面上的阴影非常软，这将有助于降低场景的整体对比度。基于这两点，可以"理直气壮"地告诉导演，这个镜头的日调夜值得一试。

在这种情况下，仔细观察图像，将画面分解成不同区域来分别解决问题（图 6.6）。

图 6.6　仔细观察图像，对画面制定分区调整策略

- 整个画面需要变得更暗，阴影更深。你可以通过简单的对比度调整来实现此目的。

- 较低的饱和度和较冷的色温对整个画面会更好。

- 前景对象周围的区域需要有合适的光源来打亮演员。你可以用几个 Shape 窗口或 Power Window 来轻松实现。在这个光源之外的一切都应该变得更暗，而且两个区域之间要有平滑的过渡。

- 远处背景（车后面的树木和灌木）需要变得更黑。你可以使用第 2 个 Shape 窗口或 Power Window 来做到这一点。

- 需要压缩所有高光。可以组合使用亮度曲线和 HSL 限定器来完成。

要记住，这种变化的日调夜几乎都要用很多校正器（节点）或调色层。一旦确定了画面上需要修改的不同区块并且制作了调整计划，就可以继续往下执行。

创建风格

现在开始创建日调夜效果。请记住，在进行这样的极端变化时，我们的目标不是创造一个完美的夜晚效果，因为这是不太可能的。我们的目标是创造一个足够合理的夜景，让观众沉浸在其中。在这个例子中，我们将重点介绍我们上一节中提到的视觉提示。

1. 首先是一级校色。通过降低 Gain 来调暗中间调，并在亮度曲线的中部添加控制点并将曲线的顶点向下拖动来压缩高光，然后将图像的饱和度减半。这就做好了开始这个风格的准备工作：较暗的阴影、较低的对比度、柔和的高光以及被降低了的色彩敏感度（图 6.7）。

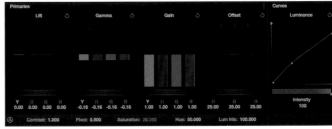

图 6.7　初始的一级校色为之后的调整奠定影调

2. 接下来，添加另一个校正（二级调色），使用 Shape 窗口或 Power Window 为场景打一个灯，就像月光穿过树木，落在人身上，并照亮车子的一边。

如果要创建令人信服的效果，在绘制形状时务必遵循画面主体的轮廓。在这个例子中，灯光打到汽车的一侧，照着演员，然后光线沿着地面往左右两边洒落。

形状绘制完成后，降低一点 Gain 并调整 Gain 的色彩平衡，让这个光区更冷——不是蓝色，只是更冷（图 6.8）。

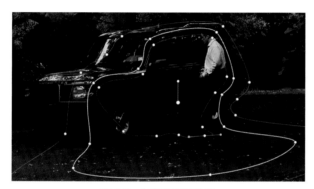

图 6.8　调整遮罩的位置

3. 切换到 Shape 窗口或 Power Window 的外部，降低 Gain，减少遮罩外部区域的亮度。

在亮度曲线的三分之一处添加一个控制点，然后大幅度拉低曲线的顶点，通过这个方法来压缩汽车的高光。背景的饱和度还要降低更多，让背景带点中性稍冷的颜色（图 6.9）。

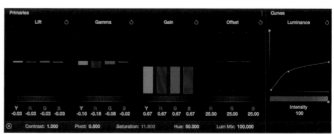

图 6.9　让形状遮罩周围的区域变暗，创造出照亮主角的灯光风格

　　当你让外部环境变暗时，你可能想转回去调整遮罩的内部，对我们所制作的、影响演员的光区作进一步调整。这是很好的思路。每当创建这样的人造暗部比例时，重要的是不断地调整人造灯光和人造阴影，尽量让它们看起来无缝地匹配。

4. 接下来，添加另一个校正，使用第 2 个 Shape 窗口或 Power Window 来压缩后景的树线，考虑到景深的细节，我们要尝试在保留一点纹理的同时去除所有的背景光（图 6.10）。如果将背景调成全黑，画面结果将会很平，在这种风格中此做法是不可取的。

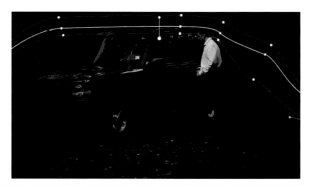

图 6.10　弱化背景树线中的光，使周围的环境变暗，深化场景夜晚的感觉

5. 最后，这个男人的白衬衫（对于日调夜来说服装颜色并不理想）需要被选择性地压暗。使用 HSL 限定器来隔离衬衫，可以将 Gain 降低到观感不真实的临界点，然后再提高几个百分比来调整（图 6.11）。

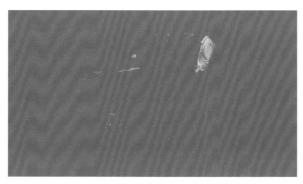

图 6.11　使用 HSL 限定器将极亮的衬衫压暗

正如你所见，这个色调需要进行多个步骤的操作才能达到完美的结果。我们现在来看看达芬奇 Resolve 里创建这个效果的节点树（图 6.12）。

图 6.12　在达芬奇 Resolve 中创建这个风格会用到的一系列节点，这些调色步骤也可以在其他大多数调色系统中完成

最后，将原始图像（图 6.13 的左图）与我们的日调夜结果进行比较（图 6.13 的右图）。

图 6.13　调整之前的效果（左图）和调整之后的最终效果（右图）

最后得到一个令人信服的背景，构建出合理的月光照明，照亮了场景的主体。

室内的日调夜风格

有时，你会收到一个刻意按照夜晚效果来打灯的场景素材，但效果并不符合导演的要求。这可能是由于各种原因导致的。

场景色温不正确

晚上或夜间打灯的方法有很多。要考虑灯光的主要来源是车库里的灯泡？还是透过窗户进入的月光？原始素材是不是本身就有风格化的色彩，如夸张的蓝色、紫色或色偏？行得通，还是过于激进了？

在某些情况下，使用钨丝灯照明的场景可能会过暖，特别是当导演要求场景是月光的感觉时（然后在剪辑时导演看到将镜头放进整场戏的效果之后又改变主意）。

幸运的是，使用三路色彩校正就能解决。你可以利用这些工具的影调区间来重新平衡所需的颜色。

场景过亮

虽然是晚上的戏，但场景可能太过明亮了。导演可能会皱眉头，而作为调色师的你应该会喜出望外。通常，相对于将曝光不足的画面提亮，减少画面上过高的亮度能获得更好效果。大多数电影摄影师都知道这一点，所以打灯时有可能保证光线充足，以为后期提供灵活性。

在场景过亮的情况下，所有控制对比度的工具都可以用，根据你要调整的风格可以减少高光，使中间调变暗，还可以切掉（压掉）或提升黑位。

场景的光线太均匀

另一个问题是场景的打灯太均匀。夜晚场地的标志之一是光线通常来自非常具体的位置：一盏台灯、一个灯泡或透过窗户或门的月光。所以，夜间的光照水平从一个区域到另一个区域的变化很大。此外，为了戏剧性目的，你很有可能需要画面中的被摄主体获得最多的光，而背景的光线水平落在合适的位置。

在某些情况下，摄影指导选用的灯光方案可能会导致光线均匀的背景。这可能是因为拍摄预算低，需要节省经费，所以选用更普适的灯光设备组合。

不恰当的均匀照明是戏剧性的一种微妙提示。没有人会看出来，但它确实会影响观众对场景的观感。如果是这种情况，你可以使用遮罩手法来做二级调整，选择性降低画面上某个区域的灯光。

你可以用多种方式修改这个处理：使色温更冷或更暖，或者让高光更亮或更暗，使用不同种类的遮罩，以及用不同的饱和度。

创造风格

对于下一个例子，我们将用一个简单的校正把内景调成令人信服的"深夜"。在这个示例中的调整手法与第一个例子差异不会太大，但是会针对这个特定场景来调整。

观察图像，我们可以看到阴影相当大而且暗部颜色挺多，并且在床旁边的实际光源中有丰富的淡黄色的灯光（图 6.14）。

图 6.14　原始未调色的镜头

1. 从一级校色开始创建图像基础：使用 Contrast 和 Pivot 控件增加对比度（压低暗部而不是增加高光），或者通过降低 Gain 来使阴影变暗而不破坏黑位。如果要保留一定的图像细节，那么（黑位）不要低于图像中最黑的 0%（IRE）；如果你要更硬朗的效果，那么可以继续压低黑位。还可以让 Gain 色彩平衡冷一些，令灯光不那么黄，但要保持一点点暖色，毕竟实际照明的是钨丝灯泡。

有些冷色的蓝光穿过窗户洒落在中间调上，这有助于为整体灯光方案留下一些色彩对比（图 6.15）。

图 6.15　一级校色让画面看起来开始像夜晚

2. 接下来，添加另一个校正，使用过渡非常柔和的椭圆形来做二级调色，将其作为遮罩切割画面中来自台灯的灯光区（图 6.16）。

图 6.16 仔细放好遮罩的位置，以便为画面增加更多阴影

3. 然后切换到遮罩的外部，降低中间调的对比度以便在场景周围创造更多的阴影环境。压低 Gain，可以在降低环境光时不过度压掉暗部，保留一点阴影细节。

4. 最后一项很不错的微调是将外部区域的饱和度减少约 20% ～ 30%，削弱他的手臂、床罩的红色边缘和床头板上的阴影边缘，这些元素在这种光线下应该要弱一些（图 6.17）。

图 6.17 减少遮罩外的饱和度，削弱阴影

现在完成调整了，让我们比较原始画面和调色后的夜晚效果（图 6.18）。

图 6.18 调整之前的风格（左图）和调整之后最终的室内夜晚风格（右图）

经典的"蓝色"日调夜风格

一种经典的夜晚灯光处理就是蓝色月光风格，我们可以利用灯光设计来实现，在前期拍摄时使用滤镜或通过后期调色来获得这种风格。我们都见过这种风格，它是浪漫的、神秘的、夜晚的颜色。

许多摄影机用的日拍夜滤镜能来回调整对比度，而且滤镜的蓝色会影响整个高光和中间调，这是这种经典风格的极限版本。然而通过实践实现，使用色彩平衡控件、去饱和度还有使用 Shape 窗口或 Power Window 来数字布光，可以轻松实现此效果。

在进入这个特定的日调夜之前，我们有必要对形成这种色彩处理基础的传统观念提出疑问。

为什么我们认为月光是蓝色的

当阳光从月球反射到地球时，月光的反射通常被认为大约是 4000K 色温（比天光暖一些，比卤素灯更冷）。用胶片和视频录制月光能显示出这种暖（图 6.19）。

图 6.19　月光实际上不是蓝色的；但是当我们在黑暗中时，它看起来像是蓝色的

这显然违背了几十年来电影拍摄对浪漫场景的色彩渲染，更别提我们对月光颜色的固有看法了。那么，为什么有这个差异呢？

约翰内斯·普肯野（Johannes Purkinje）（1789—1869 年）是波希米亚的一名生理学教授，他首先发现了现在所谓的普肯野现象（Purkinje's phenomenon），该现象指出，在低光下我们感受到的蓝色和绿色比红色和黄色要更多。

　　当光线变得不那么强烈时，我们的眼睛就变为适应暗光（scotopic vision，暗视觉），这意味着我们的视网膜从光线充足的条件下使用对色彩敏感的视锥（photopic vision，明视觉），转换到对低光敏感的视杆，即牺牲色彩感知为代价的暗视觉。

　　一般来说，在低光条件下我们无法解析色彩，所以一切都变得不饱和。具体来说，即使它们实际上具有相同的亮度，较长波长（红－黄）的能见度变得不如较短的波长（蓝－绿）。

　　因此，即使月亮反射出相对温暖的光线，在没有其他照明的情况下，我们也不　定能以肉眼看到暖色的光。在月光环境下，我们感受到静谧、月光蓝色的浪漫。

　　现在，是否应用经典的蓝色风格（或老式的，这取决于你问哪个年纪的制作人）取决于你的视觉目标。当然，你也可以使用其他夜景处理手法，具体取决于你所用软件的类型。然而，不可否认的是，基于数十年电影和电视的观看经验，一般观众都会将蓝色的光与夜晚联系在一起，适当利用这种电影语言并不是什么大问题。问题不一定是在使用蓝色，而是使用蓝色的强度，这是由你（和客户）来决定的。

月光的其他特征

　　月光的其他特征值得讨论。

- 满月的光可以产生令人惊讶的、高对比度的光亮，当月亮足够高时，会出现锐利的阴影。由此，摄影师在进行日拍夜的拍摄时，素材会有锐利的阴影，这种情况是在最亮的月光下拍摄导致的。

- 其他较暗阶段的月光往往会产生明显更柔和的光线，对比度较低。

- 血红色的月亮是大气中的灰尘和月球在地平线上的低角度造成的另一种现象。根据大气条件，血红色的月亮可能会把整个天空晕染成红色，像二级调色的效果。想象一下"月出"的效果。

与其他日调夜手法一样，蓝色月光的风格针对性强，相同的设置你永远不会用两次。

创作日调夜风格

图 6.20 是另一个实例，这个场景本该为日景，但在后期剪辑中时间被重新排列，使这个场景需要被换到夜景。幸运的是，这个在后巷拍摄的镜头灯光控制得好，调整起来应该不太麻烦，我们可以大胆地利用视觉线索，如蓝色的风格将是一个很大的助力。

图 6.20　原始未调色的镜头

1. 首先进行一级校正，观察女演员脸部的肤色来为整体图像校色，用 Gain 来降低一点中间调，然后在 YRGB 曲线的三分之一处添加一个控制点，再将最高的高光控制点下降约 20%。

2. 接下来，通过将 Gain 推向淡蓝色然后稍微偏向冷蓝色，将画面调冷。蓝色的多少取决于你需要的戏剧化程度，但一般来说，一点点蓝就会很明显。然后，对整体图像去饱和约 20%，以便将画面颜色调低一点（图 6.21）。请记住，这些值并不需要非常精确；当这些校正在调整时，你要靠对图像的感觉来工作。

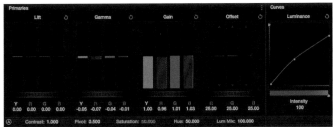

图 6.21　从一级校色开始建立我们想要的蓝色夜晚风格

3. 现在添加一个二级调色，使用 Shape 窗口或 Power Window。这一次你要创建一个羽化值高的椭圆形遮罩放在女演员脸上，用于保持演员脸上的高光，同时使背景变暗。

4. 先调整遮罩内的脸部，使用 YRGB 曲线在她脸部的阴影中增加一点局部对比度，同时降低图像的整体亮度：先在曲线的底部增加控制点，然后在曲线的中间点附近锁定靠上的中间调，最后将底部四分之一处的控制点向下拖动以加强（但不是压掉）她脸部的阴影（图 6.22）。

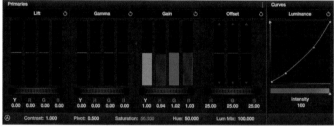

图 6.22 添加一个 Shape 窗口，创建一个有角度的光区

注意 此步骤中的对比度和色彩调整在上一步操作中已经做过，但是我故意将这个校正分解，让画面"看起来很夸张"，以便更容易修改或删除这个校正而不影响基础调整，特别是在客户稍后改变主意的情况下。

5. 完成后，切换到 Shape 窗口或 Power Window 的外部，降低 Gain 以压低背景墙面的亮度，以及将头发边缘亮度压低到适当的夜晚水平（图 6.23）。

图 6.23 我们差不多完成调整了，但是她的手臂太亮了

贴士　在进行这样细微的调整时，你将真正体会到使用经过严格校准的监视器的重要性，在标准的监看环境中才能得到最好的效果。

一如往常，这是校正最棘手的部分——你试图创建合理的黑位而不想过度压缩黑位失去画面细节。如果想保留图像中微妙的细节，请避免将黑位压到 0 以下，但如果你的客户想要更粗糙的画面风格，那么可以压掉一点黑位，增加粗糙的质感。

此外，一旦你将遮罩的外部区域变暗，你可能想回到前一个影响她肤色的校正上进行修改，可能是提亮或者压低肤色以便平衡这两者——环境的阴影比例与主体高光和阴影的比例。同样，在这些调整之后，蓝色的值可能需要增加或减少才能与整体环境平衡。这种操作通常是反复来回调整的。

6.　这时，看看画面的整体效果，是否有任何细节令人觉得不舒服。在我看来，在前景中，她的手臂在这样的夜晚环境中似乎有点太亮了，所以在她的手臂和手上添加最后一个形状——一个羽化的椭圆。要保证遮罩羽化过渡好，在遮罩内降低 Gain 将这个区域变得更暗，把她的手臂推进阴影里。如果你的调色系统有跟踪器，那么让遮罩跟踪她的手臂动作并不是个大问题。

最后一次调整有利于打破那个更亮的脸部椭圆遮罩，使灯光效果看起来更生动（图 6.24）。

图 6.24　使用一个小遮罩在她的胳膊上制作阴影

现在调整完毕，我们来比较原始图像和调色后的效果（图 6.25）。

图 6.25　调整之前（左图）和调整之后蓝色的夜戏风格（右图）

欠曝视频的色彩风格

每隔一段时间，你可能需要匹配或对实际在夜晚低光照条件下拍摄的素材重新创建色彩效果，例如烛光或月光。在某些情况下，可能要与故意在低照度条件下拍摄的素材相匹配。在其他情况下，有可能需要人为创建曝光不足的画面。

要成功创造这样的风格，最好观察你需要匹配的镜头是用什么摄影机拍摄的。图 6.26 中的视频图像实际上是利用满月的光亮在夜晚拍摄的，没有调色。

图 6.26　在满月的月光下拍摄的影像

　　数字摄影机非常敏感，并且在曝光不足的条件下具有很大的专长。然而，不同的设备在低光照条件下的潜力也有所不同。在这种情况下，除了你所期望的切掉黑位和整体都黑的图像，大部分数字摄影机在低光照条件下都具有以下特点。

- **增加噪点**：大多数专业摄影机都有增益调整，允许拍摄者放大正在记录的信号，以提高图像感光。不幸的是，这几乎总是伴随着图像噪点的增加。

- **对色彩敏感度低**：与人眼一样，数字图像可记录的色彩饱和度随着光线的降低而减少。

- **降低锐度**：在欠曝的情况下光圈通常会尽可能打开，因此拍摄的画面可能会有最浅的景深。这通常会导致图像的大部分略微偏离焦点。

- **压掉阴影**：阴影暗部被压成绝对的黑，虽然你会注意到在月亮周围的云上还有一些纹理。

　　所有的这些特征，都可以使用在本章所介绍的各种调色手法进行复制。

第七章

双色调和三色调

在双色调中，画面中较暗的部分用一种颜色调色，较亮的部分用另一种颜色着色。

双色调来源于黑白胶片手工上色的时代，当时那些雄心勃勃的电影人在上过色的胶片基底上拍摄，从而对高光着色（如第二十三章所述），然后在冲印过程中对暗部调色，实现双色调。当然，这并不是常用效果，但它对于风格化图像还是有用的。

一些非线性编辑系统和合成软件会带有很多滤镜，它们可以用来创建双色调风格；你只需选择两种颜色来着色暗部和高光。然而，许多调色系统缺乏这种简单的处理方式；相反，你必须进行手动调整才能实现这种效果。当你知道调整的方法后就不会觉得有多难了，现在让我们看看这种风格是如何实现的。

用色彩平衡创建双色调

创建双色调最简单的方法是使用 Gain 和 Lift 来制造严重的色彩失衡。将暗部朝着一种颜色推，而将高光往另一种颜色推，在保留一些原始图像颜色（这些颜色大部分位于中间调）的基础上获得双色调（图 7.1）。

图 7.1 一个双色调的例子，重新平衡暗部和高光，在原始图像上创建着色

实现这种风格的另一种方法是，在重新平衡暗部和高光之前先对原始图像进行去饱和度操作。这样会得到更纯粹的双色调效果，画面只包含你引入的两种颜色，不会有其他颜色与原始图像的颜色发生相互作用（图 7.2）。

图 7.2　在对暗部和高光进行着色前先对图像进行去饱和度操作，创建不同的双色调风格

这些操作高度依赖于每个色彩平衡控件所作用的影调重叠区域。因为不同调色系统的影调重叠区域有所不同，所以使用不同的调色系统会得到不同的结果。

使用 HSL 选色创建三色调

选择性着色的另一种方法是使用 HSL 限定器来定义要进行着色的特定区域。你可以用这个方法来创建常规的双色调风格，限制两种颜色在特定的影调区域；但这个方法用于制作三色调会更好，用 3 种重叠的颜色分别调整图像的暗部、中间调以及高光。

图 7.3 是达芬奇 Resolve 基于节点的调色界面，但同样的想法可以通过 Assimilate Scratch 中的 Scaffold（层）或 FilmLight Baselight 和 Adobe SpeedGrade 中的层级结构来完成。

基本思路是先做反差调整（节点 1）再去除饱和度（节点 2），然后用 3 个并行的节点为图像的暗部、中间调和高光分别创建单独的色调（节点 3、节点 5 和节点 6），最后使用并行节点（Parallel）重新组合。

从视觉上看，图 7.4 节点树的缩略图显示了每个阶段的调色效果。

双色调和三色调的目的是创造和谐的色彩混合，以满足对项目的色彩风格设计。

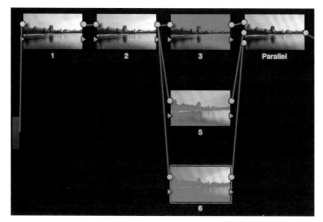

图 7.3　本节的三色调示例在达芬奇 Resolve 上的节点设置

图 7.4　用 HSL 限定器来分区调整，实现三色调的 6 个阶段

第八章

模拟胶片

现在，电影胶片让位给数字拍摄，许多客户开始表达对模仿胶片特征的需要和愿望。有很多方法可以做到这一点，但在讲述方法之前，让我们先看看使用胶片拍摄并扫描成视频后所得的 3 张图像，以下均为未调色的中性画面（图 8.1）。

图 8.1　3 张使用胶片拍摄的图像

这 3 张图片使用了不同的胶片，曝光也非常不同。然而，即使没有 24fps 帧速率（译者注：原作者指虽然我们不是观看动态画面），也能看出每个图像的固有特征——"胶片感"——主要是在中间调呈现出丰富的饱和度，高光不会过度饱和，暗部细节柔和碾压，从肤色的阴影到高光色调过渡平滑，以及即使在整个丰富的冷色调画面中也能察觉暖色。

这些特征已经在本书的其他部分讨论过，你可以用基本的调整操作来模拟这些特质。然而，如果你想要在数字母版制作过程中更直接地模仿胶片转换和放映时的色彩风格，有更直接的方式可以复制胶片的制作经验。

模拟印片 LUT[①]

许多 LUT 被宣传为用于模拟胶片，实际上它们原本是数字中间片的流程中的模拟拷贝片 LUT。如《调色师手册：电影和视频调色专业技法（第 2 版）》第二章所述，进行数字调色并且需要将影片打印到胶片上（印片）的调色师，需要看到打印在中间负片上的效果，也需要看到最终正片（发行拷贝）的效果。多年以来随着负片和正片技术的进步，出现了多种不同的胶片组合，需要使用不同的 LUT 来表示这些胶片组合，这样调色师就能知道经过两代胶片印片后的调色结果。

例如，SpeedGrade 附带了各种 Filmstock（胶片）风格，这些风格实际上是衍生自多年来数字中间片项目的模拟印片 LUT。其中一个 LUT 是富士 ETERNA 250D FUJI 3510（来源于 Adobe）。这个 LUT 是两种胶片的组合（现已停产）：负片用于胶片记录，正片用于在影院投影的发行拷贝。这些胶片被富士胶片公司（Fuji Film）描述如下。

- 富士 ETERNA 250D "提供充足的感光度、优秀的暗部质量和极其自然的面部色调。有助于扫描转换和数字图像处理"。

- 富士 ETERNA CP 3510 是一款 "正常反差的彩色发行正片，能提供出色的图像，色彩丰富且逼真。它提供天然的皮肤色调、更好的暗部质量和细节以及更中性的黑色"。

另外，根据你的 DI 流程所涉及的色彩科学，你可能并不只是需要模拟胶片，可能还需要

---

① 原文小标题为 Print emulation LUT，它有 "模拟拷贝片 LUT" 和 "模拟印片 LUT" 两种说法，两种说法都是正确的，特此标注。——译者注

考虑到所用的胶片记录器（film recorder）[1] 以及整个展映系统，包括影响画面质量的各种放映机灯泡和放映机镜头。

　　FilmLight 的理查德·柯克（Richard Kirk）[2] 描述了 Truelight 的发展，Truelight 是一个用于视频、胶片和计算机图形的图像转换系统，可以精准地将色彩转换到其他显示系统，包括底片记录仪（film recording）。柯克解释说，除了负片正片的组合，放映机特性也包括在校准过程中，其中包括投影机灯泡的光谱特性、由于镜头光学造成的光损失、制作拷贝时的光散射（由于 Callier 效应）以及银幕材料。简而言之，精准的印片模拟需要考虑很多因素。

　　这里与数字调色师的工作相关的是，在混合交付（译者注：针对多种放映环境）的工作流程中，除了为影院制作拷贝（译者注：影院版本通常是 DCI-P3），还要为家用放映提供 BT.709 版本；通常会先制作影院版，这里会使用合适的模拟拷贝片 LUT，而在之后制作 BT.709 版本时这个 LUT 会被内嵌（baked）在 BT.709 中，所以在转换到 BT.709 后必须进行一些额外的调整，从而确保影片在家用环境内正常还原色彩。

　　理论上来说，模拟拷贝片 LUT 应该是不可见的，因为调光师使用 LUT 来表现最终显示的特性，其目的是对图像进行调色，以校正在胶片记录过程（译者注：这里不是指胶片拍摄，而是指数字中间片后的胶片输出）中出现的一切瑕疵。实际上，放映媒介影响调色，所以虽然数字中间片调色师并没有明确地以"将项目调得像胶片"为目标，但是电影感的特质从本质上来说是跟随制作环境而来的。

使用 LUT 来模拟胶片

　　考虑到这些内容，你可以在调色时应用一个模拟拷贝片 LUT 为画面增加"胶片感"，从而使自己处于与数字中间片调色师相同的位置（但不同于数字中间片），这么做只是出于审美。Company 3 的高级调色师戴夫·赫西（Dave Hussey）在谈话中观察到，当 ARRI Alexa 数字电

---

[1]　film recorder 也译作录片机、底片记录仪、胶片记录器。——译者注
[2]　理查德·柯克（Richard Kirk），FilmLight 色彩科学家，拥有 30 多项色彩和成像技术专利。他开发的 Truelight 系统获得 AMPAS 科学技术奖（奥斯卡）。——译者注

影摄影机开始在电视中广泛使用时，每个人的项目开始变得看起来趋同；以前由于不同电影摄影师选择不同型号的胶片（来自各种制造商，如柯达（Kodak）、富士（Fuji Film）、爱克发（Agfa））所产生的图像差异，现在不存在了。

在赫西的观点中，应用胶片 LUT 的过程将图像风格推向不同的、更有趣的空间，而且在这些迥异的起点上开始进行调色的过程中，能激发出差异化和独特的视觉方式。

但是，当你应用胶片模拟 LUT 时，到底会为图像带来哪些难以形容的特质？让我们来看看。

当你对某种特定的色彩、对比度预设或 LUT 是如何处理图像感到好奇时，将其应用于线性渐变测试图上，效果立现。图 8.2 显示了将胶片模拟 LUT 应用于灰色渐变测试图的 3 个示例。

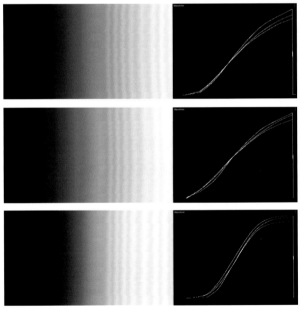

图 8.2　3 个应用了胶片模拟 LUT 的渐变测试图（每幅图像的左边），右边并排被更改信号的 RGB 叠加示波分析

对应 RGB 叠加范围中的指示 S 曲线，渐变图清楚地显示了 LUT 是如何改变图像对比度的。然而，你也应该能够看到明显的非线性颜色反应，在高光和暗部，颜色呈现出不同程度的不平

衡。视觉上可以从渐变条的斜坡上看出偏色，但高光和浅暗部的 3 个色彩通道的分歧更清楚地表现出色偏。

这种非线性的颜色反应来自于（被模拟的）两种胶片（每种胶片各 3 个乳剂层）之间的交叉耦合。不准确的是，这种交叉耦合（偶联反应）可以被看作是在图像上添加有趣的风格。如果你选择这种风格，这个风格的特征会导致画面对比度增强、高光和暗部颜色发生非线性变化。

从彩色胶卷诞生的第一天开始，展现准确和令人愉悦的皮肤色调，长期以来一直都是胶片制造商的重中之重。你应该注意到，大多数胶片模拟 LUT 往往在中间调中的某个位置具有良好的通道对齐。在示波器内看到这种对齐方式，就能知道这是一段相对中性的色调范围，因为中间调大多数是肤色，所以多数胶片都尽可能在中间调保持中性。

我们来看看这方面纯粹的创意性应用。插件制造商 Koji 的加布·切菲兹（Gabe Cheifetz）向我展示了一个新的胶片模拟 LUT 包的预发行版本（译者注：该插件已于 2014 年发布）。在几个月内，我一直在和 Koji 的工作人员谈论这个项目，他们的目标是即使所有的胶片库存告罄，但还能用模拟的方式来保留胶片的画质特点。第一个 LUT 旨在模仿柯达 2383。以下是加布·切菲兹对该 LUT 的解释。

　　2383 印片 LUT 提供了特定的胶片曲线，或者更准确地说，是特定胶片在特定的实验室、特定的日期里冲印出来的特定曲线。它会被应用于 Cineon log 片段，输出成 Rec.709 格式。这是调色的起点，不是某种风格。在 LUT 之前所应用的调色操作会影响胶片响应曲线限定范围内的结果。这是一个强大的工具，可以通过一点点练习来制作漂亮的画面结果。

为了比较，我们来看针对一段 REDLog Film 编码的素材，应用 Koji 2383 的 LUT 与应用 ARRI 正常化 LUT 的对比（图 8.3）。

显然，正常化 LUT 产生更中性的结果，而 Koji LUT 在中性的基础上添加了更多的特点。切菲兹提出了一个重要的观点：胶片模拟 LUT 应该为调色提供起点，而不是整个调色。

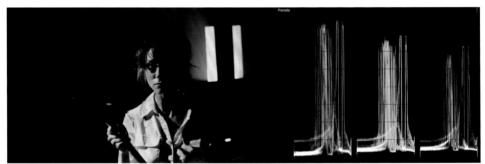

图 8.3　正常化 LUT 和胶片模拟 LUT 进行对比，正常化 LUT 使图像正常化，Koji LUT 模拟了 Kodak Vision 2383 的印片胶片风格

请记住，从数学上来说 LUT 是这样的——任何落在 LUT 设计范围之外的图像数据将被裁切。正如我在达芬奇 Resolve 用户手册中写道：

> 为了处理效率，3D LUT 被设计为具有合理的下限和上限，用于将要处理的数据。众所周知，当 3D LUT 要处理的值超过 LUT 的设计处理范围时，超出范围的数据将被裁切。由于许多 LUT 是为数字电影工作流程设计的，因此实际结果是将超白的视频信号提供给为全范围数据（full-range data，即 0-1）所设计的 3D LUT 时，一部分超白信号会被裁切掉。

正是由于这个原因，我喜欢在多层调色中添加一个 LUT 作为中间操作。这样，如果有需要我可以对图像的预 LUT（Pre-LUT）状态进行调整，以便将被裁切的图像数据拉回来，或者在风格强烈的 LUT 将图像压缩到超出易恢复的范围之前，通过访问数据的原始范围将图像数据从裁切中恢复。然后，在图像的后 LUT（Post-LUT）状态下所添加的更多调整，可以让你继续控制调色结果，从而将色彩对比度加回中间调，如图 8.4 所示。

图 8.4　用 3 个节点来控制图像，风格 LUT 节点和它前后两个节点以及最终的调色结果

　　注意　达芬奇 Resolve 用户要注意，LUT 操作在任何节点内都是最后执行的操作。因此，在节点内添加的 LUT 会影响该节点内其他任何操作的最终结果，因此创建调色时要注意控制你的操作顺序。

　　这是最后一个建议。通常，你可能需要在应用风格 LUT 之后的画面和图像原始状态之间取中间值。大多数调色系统具有叠化、溶解或以其他方式调整各项操作的不透明度的功能。达芬奇 Resolve 的 Key（键）工具中有 Output Gain（键输出增益）[①] 控件，Adobe SpeedGrade 具有一个"不透明度"滑块，用于调整每个图层混合到最终结果中的数量。FilmLight Baselight 具有 Result Blending（结果混合）滑块，可用于将任意图层与当前图层混合使用。其他调色系统也有类似的机制。

　　如果你想在工作中引入胶片模拟 LUT 或插件，以下是参考资源。

---

　　① 　达芬奇 Resolve16 的官方中文版。——译者注

- Adobe SpeedGrade 可以从 Look Browser 或 LUT look layer 中选择 Filmstock 风格。

- 达芬奇 Resolve 在节点编辑器中,位于每个节点的(右击)菜单都有 Film Looks(电影风格)目录。

- Baselight 有一套 Baselight Looks,供 Baselight 系统的用户使用。

- SpeedLooks 拥有 Adobe SpeedGrade 和达芬奇 Resolve 可读格式的基本和自定义 LUT 组合。此外,SpeedLooks 具有一组数据转换 LUT,可以用它们把各种摄影机格式转换为 Log C,从而更容易匹配摄像机并更容易应用这些风格。

- Koji Color 提供了一套精心扫描的胶片模拟 LUT,在格式上,达芬奇 Resolve、Adobe SpeedGrade、Smoke、Flame、Scratch 和 Baselight 都可以使用。

在不同调色系统中应用 LUT

下面介绍在广泛使用的调色系统中,如何将 LUT 应用于调色的 3 个示例。

- 达芬奇 Resolve:你可以将 Resolve 格式的 .cube LUT 添加到节点树中的任何节点(图 8.5)。3D LUT 是节点内的最后一步图像处理操作,因此可以将 LUT 添加到节点中(正如其中一个 Film Looks),并且仍可使用该节点中的调色控件来处理 LUT 前的图像数据转换。

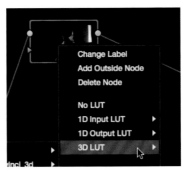

图 8.5　将 LUT 应用于达芬奇 Resolve 的调色节点

注意 还有各种各样的滤镜可用于模仿胶片。GenArts 的 Sapphire（蓝宝石）有 S_ FilmEffect 过滤器，可让你混合和匹配不同的柯达负片和洗印胶片，而 Film-Convert 可用于 After Effects、达芬奇 Resolve 和许多其他非线性编辑系统。Curious Turtle 的 Film Wash 为 After Effects 和达芬奇 Resolve 提供了一套模拟胶片的调色效果器。

- Adobe SpeedGrade：你可以将 LUT 自定义风格图层添加到"图层"列表中，以便插入 LUT 操作（图 8.6），你可以使用其中一个预先安装好的 LUT（例如 Filmstock 风格），或者从硬盘加载 LUT。

图 8.6　将 LUT 应用于 Adobe SpeedGrade 的调色层

- FilmLight Baselight：在 Baselight 的图层中可以设置 Truelight 控件，你可以在该图层使用任何 FilmLight 格式的 LUT，将 LUT 转换应用于图像（图 8.7）。

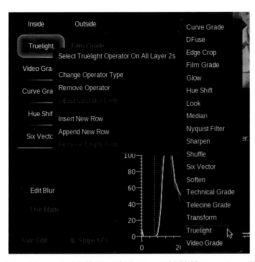

图 8.7　在 FilmLight Baselight 的图层中分配一项控件给 Truelight 操作来应用 LUT

请注意，大多数专业的调色系统都会提供逐个应用多种操作的方式（译者注：作者指调色层或节点的不同处理顺序），你会发现这对组织图像处理操作很有用，以便在 LUT 的前后进行调整。你可以在 LUT 之前调整，对 log 图像数据进行操作；在 LUT 之后调整，可以对 LUT 输出的图像数据进行操作。

通过调色模拟胶片

从哲学角度来说，作为调色师我不喜欢客户跟我提出这个概念："使用这个胶片 LUT，再修改一下就可以输出了"。如果这是他们想要的，我绝不会扫他们的兴。但是我自己总是想知道是否可以手动创建这样的风格，以做出胶片那种"不可言喻的特质"，并使其成为我自己的风格。事实上，是否有可能创造自己的"胶片"——一个合理的"胶片感"风格呢？

为此，我尝试了一个实验。

将模拟胶片 LUT 应用于前面部分所述的渐变测试图，切换到红绿蓝（RGB）通道的 RGB 分量示波来显示波形，我发现此波形的形状和本章之前提及的基于曲线的交叉冲印风格很类似（图 8.8）。

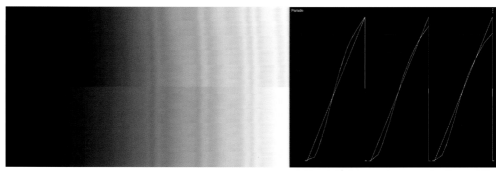

图 8.8　分割屏幕做对比，灰度渐变图在左边，其中胶片 LUT 应用于上半部分，原始的线性灰度渐变在下半部分，右边是图像的 RGB 分量示波图。请注意，LUT 分别影响灰度渐变的每个色彩通道，影响的强度表现为不同程度的 S 曲线

这是有道理的，因为交叉冲印风格模拟的是由于使用错误的药水冲印特定的胶片，而导致的非线性的色彩通道响应。事实是，设计色彩曲线的最初原因，是为了能够以类似于密度曲线通过影调范围来表示每个色彩通道响应的方法来操纵胶片。这些曲线的最初设计用于在扫描过

程中帮助校正有曝光问题的胶片，但现在它们可以作为制作胶片感的手段。

你已经看到了一个简单的 S 曲线应用于图像亮度的假胶片感效应。分屏显示干净的灰度渐变条和应用过胶片 LUT 的渐变条，我在达芬奇 Resolve 使用了自定义曲线（关闭 Lum Mix（亮度混合），使曲线之间的关系完全脱离）来调整干净的渐变条，从而便于我们"追踪"分析该 LUT 的静帧截图（图 8.9）。

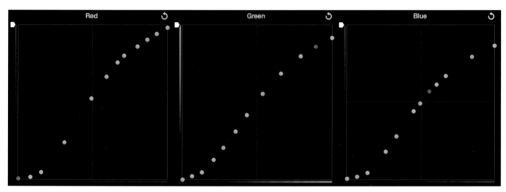

图 8.9　用自定义曲线调整，来手动匹配应用过 LUT 的灰度条

结果并不完美，但如果只用肉眼比对渐变分割屏幕的顶部和底部，结果看起来是匹配的（图 8.10）。

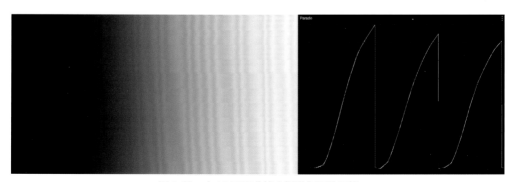

图 8.10　在 LUT 和曲线之间进行手动匹配

最后的测试用于对比，用实际的图像来比较我的手动曲线调整与 LUT（图 8.11）。

图 8.11　分屏图像，显示受 LUT 影响的图像（上图）和我手动调整的图像（下图）。分屏边缘停在了女演员的鼻尖

　　有趣的是，虽然两个图像之间的亮度差异微乎其微，但将 Gamma 提高 0.01 能让曲线调整和 LUT 之间达到近乎完美的视觉匹配。总之，你完全可以制作自己的电影风格。

　　为了更有趣，我将红色曲线复制到绿色通道，然后将蓝色曲线复制到红色通道，并加强蓝色曲线的高光以便在高光中创建夸张的绿色，制作"假的"胶片风格（图 8.12）。

图 8.12　通过定制色彩曲线创建模拟胶片风格，以改变高光中最强的通道，同时保持每条曲线的"S"形

　　调整结果虽然奇怪，但在保持非线性的色彩平衡的同时隐约带有胶片的色彩风格。我们从中可以学到两点：

　　首先，你不需要做完整个烦琐的步骤来制作自定义的电影风格。事实上，你可以加载 LUT，并在自定义曲线上用较少的控制点来微妙地处理高光和暗部色彩平衡，以便更改 LUT 赋予图像的影像风格（或特征）。如果你要这样操作，请记住保持良好的中间调色彩平衡，保持所有重要的肤色相对中性。

　　其次，提前准备，耐心和勤奋（反复尝试），手动调整曲线所产生的胶片风格是想象力的摇篮。在这里精度并不重要。创造一种色彩风格并乐在其中吧！

第九章

在调色以外，营造"胶片感"的其他因素

关于如何将数字摄影机拍摄的图像处理成像在胶片上拍摄一样，多年来一直在讨论。除了调色处理，还有很多其他元素将电影化作一件艺术品，（而客户）要求作为调色师的你在旧的视频素材上重新创建这些元素，却没有任何预先规划，可能是耗时的要求。

虽然，调整色彩、反差和质感对创造电影感很有帮助，但还有其他影响电影感的要素对观众同样重要。本章介绍了很多调色以外的注意事项，并提供了调整建议。

帧率和快门速度

所有的数字电影摄影机和很多消费级摄像机都能按 24fps 或 23.98fps 来拍摄，而基于视频的低预算影片用 29.97fps 来拍也不是个大问题，可以用各种棘手的方式下变换到 24fps。今时今日，如果要使用 24fps 这种电影帧速率拍摄，只需从很多拥有这种帧率的摄影机中选择即可。然而，对于混合新旧格式拍摄的院线纪录片作品，值得注意的是，观众已经与 24fps 建立了长时间的视觉习惯，这是电影院所展现的帧率，而 25（50i）fps 和 29.97（60i）fps 的（视觉习惯）是你平时看的体育赛事、电视新闻和肥皂剧所用到的帧率。

当然，24fps 的优势并不是简单的一种"风格"。从逻辑上说，由于各种原因，母带处理到 24fps 是非常方便的。

- 使用 24fps 拍摄，可以更容易地将数字项目印片到胶片（但是需要更长的制作周期）。

- 对于在线发行，24fps 比 60i 的码流数据更少。

- DVD 和蓝光光盘可以用 24fps 媒体创作，能更好地利用光盘带宽而不是更多的帧，以

最大化图像质量。

- 如果你有一个 29.97fps（60i）的母带用于广播节目，可以容易地使用 3∶2 下拉到 24fps 和 23.98fps。

- 将帧率从 24fps 转换到 25fps（并调整音频进行补偿）进行 PAL 转换更容易。

抛开后期处理来说，不可否认的是 24 fps 的帧率与电影体验相关联。尽管如此，我觉得讽刺的是，每秒 24 帧较慢的帧速率（很久之前，由于 24fps 能节省胶片的钱而被选择）被认为优于视频的 29.97fps（60i）和 25fps（50i），因为其表现出更少的运动伪影。

与胶片风格相辅相成的另一个现象是曝光时的快门速度。总体来说，更快的快门速度会减少每帧所记录的运动模糊量，从而在 24 fps 视频的运动中产生"抖动"。如果你的目标是创造剧烈的运动效果，或者计划在后期制作处理时创建人为的慢动作，这可能会有用，但这些应用都是特效。较慢的快门速度大约是帧速率的两倍（1/50 秒），它会引入一点运动模糊，导致观众认为这是一种自然主义的"电影感"风格。

为什么在一本色彩校正的书中提到这些内容？因为如果你正在处理的片段在记录时使用了过快的快门速度，那么某些调色系统和非线性编辑系统内置的运动模糊功能或者能够执行此操作的插件会允许你添加运动模糊。图 9.1 使用了作为调色工作的一部分——运动模糊，显示了图像调整之前和之后的状态。

图 9.1　人为添加运动模糊之前（左）和之后（右）的图像

如果你的调色项目是使用佳能 5D 拍摄的纪录片，若客户抱怨动作看起来太"磕巴"、不流畅，那么达芬奇 Resolve 软件内置的动态模糊（MotionBlur）[①] 可以用来解决这个问题（图9.2）。此外，还有第三方插件可用于合成和非线性编辑系统，让你在有需要时添加运动模糊。其中，ReelSmart Motion Blur 和 The Foundry 公司的 MotionBlur 两个插件被广泛使用。

图9.2 达芬奇 Resolve 动作特效栏中的动态模糊控件

替代 24fps

有些快速平移（横移）的素材会出现"抖动"效果，这是试图用24帧来表示一秒平滑动作的部分结果。一代代的观众已经学会忽视这些运动伪影，这并不影响摄影机的移动、创建更复杂的构图，但并不意味着问题不存在。除此之外，不可否认的是，使用24fps拍摄的视频看起来比用其他帧速率拍的视频"更电影"，这得益于根深蒂固的偏好，现在观众们一生都在黑暗的电影院中观看24fps影片。

然而，BBC研发团队对高帧速率（High Frame Rate，HFR）的新研究，为电影制作人员探索未来项目的替代方案铺平了道路。虽然以48fps拍摄并放映的《霍比特人（*The Hobbit*）》（导演：彼得·杰克逊（Peter Jackson））一直存在争议，但是我更加相信我从BBC看到的120p帧率的演示片。NHK的研究似乎表明，超过100fps（逐行），我们的眼睛与逐行扫描的运动会"融合"，抖动（strobing）和"加速运动"的感觉会消失，即使是在快门速度更快的情况下。我看过120fps的播放效果，我可以说这是令人印象深刻的，它产生了一种与目前的观众观看习惯相违背的新型放映标准。它看起来不像当代的电影，但也不像电视新闻。120fps已经是"超高清（Ultra HD）"推荐标准的一部分，但是根据BBC的说法，由于灯光闪烁和标准转换问题，欧洲国家需要3倍的帧速率，而这个标准在撰写本书时还没有被定义。

先不评判制作故事片的电影制作人员是否有拍摄和放映HFR媒体的能力，但是我认为100年后每个人还会像现在一样拍摄和观看24fps的视频。就我个人而言，我喜欢即将到来的数字电影放映机将能够以各种帧率来放映，这意味着电影工作人员将能够根据创作目标来选择适合的帧率、不同的画幅比例或调色风格。

---

① MotionBlur 在动作特效工具栏。——译者注

隔行与逐行

隔行通常与 25fps（50i）和 29.97fps（60i）的电视帧率有关，但有必要区分 50i 和 50p、60i 和 60p，特别是 60p，因为它是 HFR 标准的竞争者之一。

在我的制作经验中，以 29.97fps 拍摄叙事影片再数字化转换为 29.97p——显然是奇数（但可以放映）的帧速率——我发现观众，包括我自己观看同一个项目的隔行和逐行版本，在感官上有明显的不同，即使使用的是相同的帧率。这里我得出结论，影响视觉质量的隔行扫描事实上与实际帧率是分离的（图 9.3）。

图 9.3　一个例子，调色后的标清分辨率电影，去除交错（deinterlacing）之前（上图）和之后（下图）（2006 年我导演的《四周，四小时（*Four Weeks*，*Four Hours*）》）

简而言之，对于帧率来说，可能未来它的值会不同，但电影从来没有而且永远不会是隔行扫描。例如，在将隔行的资料素材加入由逐行帧率控制的母带纪录片中后，如果你要对这种情况进行去除交错，可以使用各种各样的软件插件来完成（有太多插件，无法全部提及）。此外，如果你有很多素材需要进行去除交错，Blackmagic Design 的 Teranex 转换器和 Snell 的 Alchemist 外部视频处理器等硬件可以实时进行更高质量的工作。

> **注意**　你所用的调色系统可能没有去除交错的功能，但只要你的调色系统能够使用多种帧率来套对素材，并能按每个片段本身的帧率来输出，就可以再回到带有去除交错功能（或插件）的非线性编辑系统，在非线性编辑系统中再作处理，因此你不用担心调色系统中没有这个工具。

景深

不同的景深可能是电影制作中最明显的标志之一，也是拍摄时最有效的处理方式。数字电影摄影机中大幅面传感器的广泛应用使数字和低预算的电影制作人员能容易地实现景深控制。

在拍摄电影时处理不同的景深是摄影师的工作，它是创造性的工具，从手艺上来说，电影摄影师可以精确地控制观众的焦点，创造柔和的画面背景，与前景主体形成鲜明的对比，或者，使用更深的景深来拍摄舞台，让观众看清楚舞台上所有"昂贵的"细节。使用大幅面传感器的重点不是让每一个镜头都用浅景深拍摄，重要的是你可以控制场景的深度，根据场景的需要来调节景深的深浅。

几年以前，我为洛杉矶电影人娜塔莎·普罗森·斯登（Natasa Prosenc Stearns）[①] 的电影长片《纪念品（*Souvenir*）》调色。电影的摄影指导约瑟夫·鲁宾斯坦（Joseph Rubinstein）[②] 使用了实验性的手工镜头拍摄架，它主要是为了缩小景深以创造更浅的焦点，镜头本身也为图像引入了玻璃质地，用有趣的方式改变了颜色，使画面变成丰富的、饱和的颜色（图 9.4）。到目前为止，《纪念品（*Souvenir*）》仍然是我做过的视觉感受很有趣的项目之一。

[①]　娜塔莎·普罗森·斯登（Natasa Prosenc Stearns），美国独立导演，视觉艺术家。——译者注
[②]　约瑟夫·鲁宾斯坦（Joseph Rubinstein），灯光师，摄影师。——译者注

图 9.4　影片《纪念品》（2006）的静帧，娜塔莎·普罗森·斯登导演

　　如果在前期拍摄时没有拍到客户要求的浅景深，你可以添加快捷的默认遮罩，在特定区域内使用高斯模糊，制作背景散焦[①]，但这种效果不准确。通过更仔细的逐帧手绘遮罩（roto）、数字蒙版绘画和软件中的透镜散焦滤镜，来模拟实际光线通过光圈而导致的散景（bokeh）或散焦的形状（普通高斯模糊与实拍的效果明显不同），从而创建更合理的景深效果（图 9.5）。

图 9.5　原始图像（左图），在遮罩中做了高斯模糊（中间图），在遮罩中制作了散焦（右图）

　　如果要这样做，请记住要分多层处理，你可以使用多个重叠的特定遮罩，根据距离来应用特定的模糊值。我用这种方法处理这本书的封面图像，采用多个模糊的遮罩创造出浅焦点的错觉（图 9.6）。

　　这么做的工作量可能相当大，但有时一两个适当的散焦覆盖角度将会令画画很不一样，所以你可以多试试能遮挡些什么。只要确定你需要达到哪种效果，按计划调整即可。

---

　　① 　虚焦、散焦、离焦都是指 defocus 或 lens defocus。——译者注

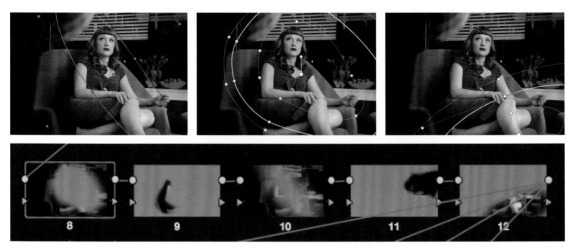

图 9.6 本书的封面图像，我通过 3 个不同强度的遮罩来限制和控制模糊的强度，从而为画面创建浅景深

注意 GenArts 的 S_RackDefocus 和 S_DefocusPrism 带有光学的、精准的镜头模糊，方便用户模拟虚焦镜头的散景、镜头噪点和形状。

第十章

平光风格和胶片灰化

> 我不想在电影中模仿生活，而是想表现生活。在这种表现中，使用感受到的颜色，有时这些颜色并不真实。色彩总能表现出一种情感。

——佩德罗·阿尔莫多瓦尔（Pedro Almodovar）[1]

胶片灰化（film flashing）被用于弱化对比度而不是增加反差。近几年来，"所见即所得（flat look）"的调色风格开始流行，从伦敦的广告片蔓延到世界各地的短片和一系列（长片）作品；HBO 系列《都市女孩（*Girls*）》（调色师：萨姆·戴利（Sam Daley））的第 1 季就是以柔和的低反差风格著称，这部影片就是这类风格的好例子。然而，在开始讲述如何用数字手段实现这个风格之前，我们先了解一下它的历史。

胶片灰化

一个常见的笑话：导演已经习惯了未调色的 Log 素材。实际上，调色师戴夫·赫西（Dave Hussey，Company 3）分享了他跟客户工作时的轶事：客户在剪辑过程中长时间面对未调色的 Log 素材，在最后调色时，他们发现低对比度的素材看起来很顺眼（即戴夫所说的"短期喜好（temp love）"现象），这都是真的，的确会这样。

然而，在跟调色师吉尔斯·利弗西（Giles Livesey）喝啤酒吃饺子的同时，吉尔斯提到现在的低反差风格源于低反差的胶片处理手法，它们在广告上的应用早于 Log 素材的出现。

---

① 佩德罗·阿尔莫多瓦尔（Pedro Almodovar），1949 年 9 月 24 日出生于西班牙，导演、编剧、制作人。2002 年，凭借剧情片《对她说》获得了第 15 届欧洲电影奖、洛杉矶影评人协会奖最佳导演，第 56 届英国学院奖最佳编剧，以及第 75 届奥斯卡奖最佳导演和最佳编剧的提名。——译者注

要实现这种风格的其中一种电影技术手段就是灰化（flashing），它指的是用较暗的光对胶片作预曝光处理（大概 7% ～ 25%，取决于你想达到的效果），用光学手段降低图像的对比度。假设我们认为 Dmin 是用胶片拍摄的最低的黑，那灰化会对 Dmin 值增加"基础雾化"，提高拍摄的黑色和阴影的水平。

在光线不足的情况下，较低水平闪光量的实际结果是改善捕获的暗部细节；较强的闪光量会导致拍摄图像的黑位升高，从而在不需要浓重的黑色的情况下降低对比度。

尽管灰化在过去是由实验室完成的，但近年来大家也能用如 ARRI Varicon（一种放在镜头前能照亮滤片的装置）和 Panavision Panaflasher（另一种照亮负片的装置，放在机身内）等摄影机配件来实现。摄影指导戴维·马伦（David Mullen）在电影《北极（*Northfork*）》中用过 Panaflasher。他还提到过弗雷迪·弗朗西斯（Freddie Francis）在《沙丘（*Dune*）》、《荣耀（*Glory*）》和《史崔特先生的故事（*The Straight Story*）》中用了 Lightflex 配件，还有电影《第十三个勇士（*The 13th Warrior*）》中用了少量灰化。

在当今数字时代，扩大对比度和裁切黑位使高反差风格很流行，而且相对来说这种高对比的风格易于创作，但其实电影摄影师花了很多年的时间研究如何弱化反差，这就是我要提及胶片灰化的主要原因。

在下面的例子中我们用两张相同的图像，一张图最下面的黑位停在 0%（IRE）（图 10.1，上图），另一张图的黑位提高到大约 9% ～ 12%（IRE）（图 10.1，下图）。

调整高反差的手法能获得非常浓重的黑。即使我们不去裁切暗部细节，但当我们把阴影部分调得非常黑时，画面氛围就更有压迫感。

注意　减小对比度的另一种方法是降感冲洗（pull processing），这是一种处理不足曝光的方法（正如柯达推荐的欠曝不超过一档），可以挽救曝光过度的卷，这个方法具有减小图像对比度的附加效果。

图 10.1　对比两张图的暗部处理结果。较低的黑位（上图）与较浅（亮）的黑位（下图）

　　如图 10.1 中的下图所示，提高黑位"打开"阴影部分，更能看见隐藏在阴影的细节，让暗部看起来不像黑洞一样黑，给场景更温和的感觉。这个差异虽小，但很有意义。图像本身的整体影调决定了我们对应要用哪种反差手法，如果对画面调色的其他手法都是一样的话，那提高黑位可以作为额外的视觉提示，你可以利用它来改变观众对场景的看法。

创建平光（Flat）风格

　　戴夫・赫西（Dave Hussey）提出另一个值得注意的问题，在调色哲学中，这种所见即所得并不是一种特定的风格，有可能当你正在制作"没调色"的视觉感受时，画面可能太过真实和平易，虽然事实上你已经调过色了。这种风格是你检查手头上项目的好方法。

　　无论你是要保留暗部细节，还是想做一个柔和的风格，你都可以用相同的胶片灰化理念，提升图像的黑位水平并创建风格。然而，在构建这类平实的风格的过程中，重要的不是简单地减小对比度，而是要选择性地控制图像中的对比度和饱和度。创建这种风格时，请考虑以下提示。

- 你可以在提高 Lift 或 Offset 的同时降低 Gamma 或 Midtones；又或者调整亮度或 RGB 曲线的趾部（先在曲线上放置控制点，锁定图像中不想被影响的区域，然后拖动亮度曲线最底部的控制点到想要的位置），这些方法都可以达到提高黑位的目的。将黑位提升多少取决于画面内容，消除纯黑的目的是营造更柔和的感觉。如果画面中有很大面积的黑，可能需要提高 3%～5%，而暗部不多的图像可能要提高 10%～15%，不过这些只是建议。我没有黑位调整的固定值，把画面调得舒服即可。

- 将高光稍稍压下来。曲线是完成此操作的理想选择，压缩和"碾轧"不想要的高光点，主要目的是进一步软化和柔和图像，所以用曲线工具不会影响图像的反差。相对于黑位调整的幅度来说，这个调整下手需要更轻，你可能只是将画面中非常亮的高光点降低几个百分点，或对于较暗的、没有自然高光的画面，再多降几个百分点。

- 增大中间调的反差。这个风格会减小图像的对比度，但并不意味着你就要调出一个没有对比度的图像。我们要在较窄的图像影调区域内建立反差。你可以通过两种方法来做到这一点：通过降低 Midtones 来拉伸中间调和高光之间的差异（弥补之前提高的黑位），或者在 Luma 或 RGB 曲线的中间调区域添加两个控制点，将图像的暗部和高光保持本身的柔和状态。

- 控制饱和度。假设原始素材在拍摄时对比度就较低，其实当你比较原始素材和调色后的图像时，在通常情况下，两者对比度的差异往往没有那么大，调色后的反差可能比源素材稍高一些。一种方法是将饱和度明显降低。但是请注意，不是要将饱和度消除，只是将跳跃的色彩减弱。这也是使用"色相 vs 饱和度"曲线的好时机，保留重要区域的饱和度，降低不太重要区域的饱和度。

- 控制饱和度的另一种方式是用"出其不意"的方式来提高饱和度。戴夫·赫西分享了他在歌手索兰芝（Solange）《失去你（Losing You）》的 MV 中用的"所见即所得"调法，在降低图像对比度的同时提高饱和度。仔细完成这个操作之后，图像风格会变得柔和。请注意，如果你手上的素材具有很丰富的色彩元素，那么使用这个方法处理的效果会非常好。

- 最后，吉尔斯建议在画面边缘加一个柔和的暗角（用遮罩），不要让四周变暗（不动高光），而是稍微降低 Lift 或黑位，轻轻将反差加回图像中，注意不要加太多而让观众注意到，只要把一点密度放进暗部的小区域内就够了。

对于这些调色原则，我们将在两个示例中用稍微不同的方式实践。在第一个示例中（图10.2）我们会对这个 MV 分 3 步进行风格调色。

图 10.2　调色前的原始图像

通常，在实践中这些步骤是相互影响的，你有可能会同时都做这些操作，因此，为了清楚起见，我将单独介绍每个步骤。

原始图像的对比度温和，房间灯光是暖色的，补光让阴影比较柔和。首先，用 Lift、Gamma和 Gain 将黑位提高，同时保持中间调在原位（图 10.3）。额外的 Gamma 和 Gain 色彩调整用于抵消画面中稍微过量的暖色，降低彩度的同时保持演员的肤色饱和度。

图 10.3　第 1 次调整后的画面结果，反差减少，饱和度降低

接下来，在附加操作中，使用曲线拉伸中间调对比度，同时让黑位提高并压住白点。用 RGB 曲线会对图像产生更大的饱和度，因此，为了营造这个风格，我们要降低整个画面的饱和度，直至肤色看起来是自然的（图 10.4）。

图 10.4　添加了一些局部对比度后的画面

这个时候，女演员的衣服看起来有点浅，衣服应该是黑色的，之前被提起的黑位在这个位置最明显。在画面上做一个柔边的遮罩，将遮罩位置稍提高点，只需要降一点点 Lift，以将暗部加回去（图 10.5）。

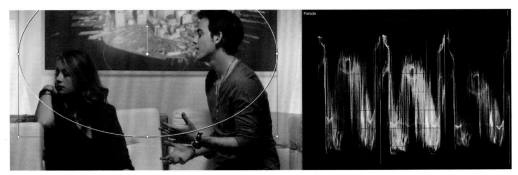

图 10.5　在过渡柔和的遮罩外部区域降低黑位，稍加一点对比度

如果我们将调整结果（图 10.6，下图）与原始画面（图 10.6，上图）进行比较，会发现调整后的画面是舒服、柔和的，现在演员与背景已经很好地分离，而且风格明朗，给影片营造了独特的气质。

图 10.6　对比这个风格在调整之前（上图）和之后（下图）的效果。
在监视器上看这个画面会比印在书上的画面更平一些

在第二个示例中采用不同的方法，通过提升 Lift 来弱化暗部并降低 Gamma，将更多密度放在人物脸上，然后在 Log 调色控制页面，降低 Highlights，来快速压缩图像的顶部，同时保留中间调。整体提升图像的饱和度，然后大幅度地将 Offset 推向蓝青色方向，改变色温让画面变冷，让这个平光风格更亮丽、明朗，接着使用"色相 vs 饱和度"曲线，减少绿色草地上的"塑料感"，同时也要减小衬衫的蓝色饱和度。再次，原始素材的对比度不是特别高，而精细的对比度调整以及用曲线有选择性地调高饱和度（可以试试不同颜色的饱和度情况）可以柔化背景，这样我们能保留足够的图像对比度（图 10.7）。

在这个例子里，降低画面的总体饱和度，提高"色相 vs 饱和度"曲线中的红色，让男演员的脸部清晰可见。亮度反差的减小不一定伴随着色彩对比度的降低。

图 10.7 室外画面的调色前后对比。上图：摄影机原始图像。下图：风格化处理后的图像

　　以上是大概的思路。在结束这一章之前，我想跟你分享一些来自沃伦·伊格尔斯（Warren Eagles）的经验，他告诉我：大家觉得制作这种类型的风格很容易而且不会太耗费时间，但其实都是误解。事实上，这类风格的难度在于，调色师需要在如此狭窄的影调范围内做文章，这让镜头之间的匹配更具挑战性，正因为低反差，观众更容易察觉出不匹配，这迫使调色师在一个镜头微调了之后，到下一个镜头又要微调。

第十一章

扁平化的卡通（色彩）风格

本章，我们探讨一种用相对简单的步骤就能彻底转换图像的手法。这个风格需要能做转换（transfer）/合成（composite）/混合模式（blending modes）的调色系统，因为它会用到 Darken（变暗）混合模式以及模糊操作来扁平化图像的颜色，同时还能保留（被合成的）底层图像的一些轮廓细节。

把这种风格应用在曝光良好、细节清晰的画面上效果最好；当然，将其应用在其他类型（不同曝光情况）的图像上也可能会得到不同而有趣的效果。

注意　这个例子在 Assimilate Scratch 中制作，Scratch 允许调色师使用合成模式来合成 Scaffold，Scaffold 是可以相互叠加的校色层。

1.　按照你想要的画面来进行调色。这种手法对具有明亮高光和锐利阴影的高反差图像效果会好（图 11.1）。

图 11.1　卡通化之前调过色的画面。其实这个小镇可以调得更有趣一些

2. 复制校正器或调色层。具体做法取决于你使用的调色系统。在 Scratch 中，先复制当前的调色设置，创建一个新的 Scaffold，将调色设置粘贴到 Scaffold 中。在基于层的调色系统中，你可以复制时间轴中的剪辑或调色层，以便将副本叠加在原始图层上。

3. 使用调色系统中的 Darken 合成模式，将新的调色层与原始图层进行合成（图 11.2）。然而，此时不会出现什么效果。

图 11.2　在 Assimilate Scratch 中添加 Scaffold，并将 Primary 的设置复制到 Scaffold 中，
创建一个重复的校正。然后将合成模式设置为 Darken

4. 对复制的校色层做模糊，扁平化的卡通效果就会出现（在 Assimilate Scratch 中，可以通过 Texture（纹理）菜单中的参数对画面进行模糊）（图 11.3）。

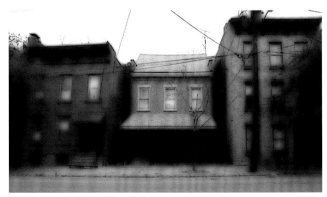

图 11.3　在扁平化的卡通效果中，颜色一起被平均化，只有最暗的细节条纹仍然保留边缘轮廓

这是因为 Darken 合成模式会比较每对重叠的像素，在两个像素中选择暗一点的那个用于输出结果。因为模糊把图像较亮的部分和较暗的部分混合在一起，从而降低图像的反差比例，所以被模糊的调色复制层的暗部只是稍微亮一点，而高光比底部调色层要暗一点。

所以我们得到的是底层中最暗的、锐利的边缘细节，以及顶层中稍暗一些的、被模糊的高光这两者组合在一起的结果。所产生的画面看起来像原始图像的粉彩似的、柔和的风格，画面主体最黑的轮廓边缘具有高对比度、粒状的边缘细节。

你应当将这个例子视为进一步实验的起点。当合成模式与应用了不同过滤器的叠加片段一起使用时，会产生许多意想不到的效果。

贴士　要精调这个效果，你可以调整底层图像的 Gain，将其亮部降低可以把细节加回图像中，或将其提高能进一步加强图像的扁平化。

第十二章

辉光、柔光和朦胧的薄纱风格①

如果你希望为画面添加一点光线和密度，你可以创建几种不同的发光效果。关键是要为当前镜头选择最合适的效果。

- **轻微辉光（subtle glows）** 可以模拟胶片的高光区的柔光，而不是像视频一样被裁切。胶片柔光是由图像中过曝区域发出并围绕在这个区域的柔和的辉光，这种风格化的处理通常是 DP 的创作手法之一。对曝光过度的画面高光区域添加辉光可以模拟这种效果，而且可以去除硬边。用 HSL 限定器选择性地提亮被模糊的键控蒙版，从而实现这种效果。

- **朦胧效果（gauze effects）** 通常用于软化面部特征或某些图像细节以降低整体图像对比度，有时可以创建"浪漫"风格（如果滥用此效果，可能会使你的影片看起来有些过时）。虽然，传统上制造这种效果可以使用纱布、网或拉伸的丝袜放在镜头前面，或在遮光斗中放置雾镜 / 白柔 / 柔光镜（fog/pro-mist/diffusion filters）这些历史悠久的物理手法，但也可以在后期制作中使用合成模式或专用的效果器来模拟。

- **大辉光效果（big-glow effects）** 可能包括任何一种巨大的、分散的辉光效果；这些辉光能创造夸张的视觉风格。你可以手动创建这种特殊的效果，而通过使用第三方插件的发光过滤器来实现这种效果也比较常见。

由于大多数发光效果是故意提高高光以产生的，因此它们经常会导致非法的白位水平。若要在一个已经有明亮高光的画面上添加辉光过滤器，如果你不想直接切掉高光，你可能需要通过降低 Gain 或者在亮度曲线顶部添加 Roll-off 来压缩高光。

---

① 原文标题为 Glows，Blooms and Gauze Looks，其中 Glows 在不同软件中有不同的说法，如辉光、晕光。Blooms 在不同软件中也有不同的说法，如柔化、高光柔化。——译者注

使用 HSL 选色创造发光效果

要创建微妙的发光效果，其中的一种方法是放宽 HSL 限定器的键控蒙版参数 Blur（模糊）或 Shrink（收缩）[①]。这是一种有效并且可自定义的方法，在任何带有标准二次校色工具的调色系统中都适用。

1. 当你完成了一级校色，设置好镜头的整体颜色和对比度之后，可以使用亮度限定控件来分离图像的高光区域。使用 Tolerance（公差）[②] 控制来调整键控蒙版边缘柔和。

2. 这是创造发光效果的诀窍。通常来说，典型的二级调色要尽量减少蒙版边缘的模糊值，从而防止出现光晕。而为了达到发光这个效果，你要刻意地提高 Soft/Blur（软化 / 模糊）的值来创建光晕，从而创造辉光。如果还有额外的 Shrink（收缩）或 Dilate（扩张）参数，并且如果你想要一个更大的、更独特的辉光，还可以使用它来扩大键控蒙版的面积。

3. 最后，提高暗部 Lift 来创建明亮的辉光效果（图 12.1）。

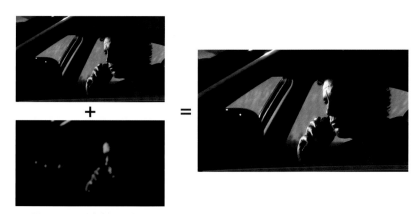

图 12.1　通过选取最亮的高光区域、软化键控蒙版并提亮选区来创造辉光效果

---

①　Shrink（收缩）是达芬奇 Resolve10 限定器中的蒙版控制工具，本书出版时的达芬奇版本是 16，对应的工具是 In/out ratio（内 / 外比例）。——译者注

②　Tolerance（公差）是达芬奇 Resolve10 限定器中的蒙版控制工具，本书出版时的达芬奇版本是 16，对应的工具是 Black Clip（黑场裁切）和 White Clip（白场裁切）。——译者注

4. 另外还有一点，将中间调往暖色或冷色的色调上推，为辉光的边缘增加一些色彩。

> **注意** 这种方法非常适合为高光添加舒服的、微妙的辉光效果，但请记住，在这个过程中很容易导致非法的亮度水平和色度水平，因此可能需要在后续校正中压缩高光的亮度。

注意颤动的选区边缘

当我观看一部影片时，我会对"颤抖"的辉光效果非常敏感，因为创建它的蒙版噪点很大。这是一种特定的风格，但并不是特别讨好。

如果简单调整亮度控件也不能避免这个问题，你可以用某种方法来模糊蒙版的边缘，这并不会模糊实际图像。更多相关信息，请参阅《调色师手册：电影和视频调色专业技法（第2版）》的第五章。

使用这种手法的其他操作选项

使用 HSL 限定器来创造辉光的好处之一是你可以很灵活地控制辉光的出现位置和状态。这里有一些方法。

- 扩大或收缩蒙版可以让你创造更宽或更薄的发光效果。

- 利用 Lift 或 Gamma 可以在图像的高光区域内创建很舒服的、强烈的辉光，并且不会让高光过曝。

- 调整 Gain 可以让你增加发光效果，即使该区域已经是高光区。

- 调整 Gain 的色彩平衡控件有助于将整体色调引入辉光中，但结果可能会导致高光区出现色度非法的情况。

- Lift 和 Gamma 的色彩平衡控件也可用于添加额外的色彩，创造出从主体发出的二次发光效果。

● 如果你可以选择单独调整（蒙版内）水平方向和垂直方向的模糊值，那就可以创建方向不对称的辉光效果。

通过提取蒙版来创建辉光

　　如果你所用的调色系统提供了复杂的合成工具，那么接下来介绍的创建辉光的方法就很简单。当你需要创造大面积的辉光、篝火发光效果时，这是很好的方法。我们将从图 12.2 的画面开始。

图 12.2　原始画面，我们将要给它加上大量的辉光效果

1. 在确定画面色调后，创建辉光的第 1 步是用各种不同的方法提取发光层。这层是对原始图像的一种处理方法，是图像中需要增加辉光的高光和明亮的中间调的一个子集，它可以是一个蒙版，也可以是一个彩色图像（纯色块）。

2. 现在，使用亮度曲线（在 Assimilate Scratch 中是 Master（主曲线）），对应于要创建发光效果的图像区域，创建所需的高对比度图像（图 12.3）。

注意　记住，对于合成艺术家来说，蒙版只是一个高对比度的灰度图像。你不仅可以用 HSL 限定器和形状遮罩来创建蒙版，你还可以使用对比度工具、曲线工具、RGB 乘法运算或用任何其他可以干净地隔离图像影调范围的手法来创建蒙版。

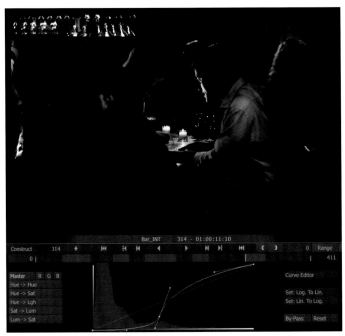

图 12.3　在 Assimilate Scratch 内调整 Master（主曲线，亮度曲线），隔离高光和中间调的上部区间，创建发光层

3. 接着，模糊这个画面来测试效果（图 12.4）。请记住，模糊程度越大，柔和度越高，所产生的辉光效果也会变得更强烈（可以在 Scratch 的 Texture 菜单中找到模糊工具）。

图 12.4　被模糊的辉光层

　　现在必须做的另一个选择是你是否要对发光层进行着色。在这层里留下颜色将导致更强烈、更饱和的发光效果。另外，对这一层去饱和将能产生更纯净、更白的辉光。这是你需要衡量的问题，但在目前这个例子中，如果你需要色彩丰富的辉光但又不希望它太具放射性（色彩太强烈），那你可以将饱和度降低大约一半。

4. 要创建实际效果，请使用 Add（添加）或 Screen（滤色）合成模式将辉光层与底层图像混合。Add 可以创建白热的辉光，而 Multiply（相乘）会产生更为有限的效果。在这两种情况下你都可以调整软件中的混合参数或透明度参数，根据需要来减弱效果（图 12.5）。

图 12.5　当你需要创建夸张的效果时，可以利用合成模式做出强烈和高度风格化的发光效果

多层辉光的叠加

　　如果你想在创造辉光效果时做出金色的效果，那你要构建不同尺寸的、多个重叠的发光层，而不仅仅只是创建一个柔和的发光层。让我们看看如何实现上述效果：图 12.6 是一个漂浮着的僵尸，在他着火的头部添加一些辉光是个好主意。基础图像已经调好，现在暗部更明确了，强调了火焰的亮度，获得了一个高对比度的画面。然而，带点辉光可能会让火焰显得更热，温度更高。

图 12.6   在我们添加辉光之前，要对这个燃烧的僵尸头做更多的调整

　　如果使用之前任意一种方法，你需要提取多个重叠的发光层，每层的边缘会比前一层更宽，有可能会出现不同的溢出方向和色调，将它们每层组合在一起之后就会像三明治一样重叠发光。对于这个例子，用非常高的对比度曲线和模糊创建了两个不同的辉光层：较宽的那一层辉光包含了大部分火焰（外焰），用于创造明亮的羽化效果；较窄的那一层包含的是火焰温度高的部分，内焰被模糊了一点（图 12.7）。为了进一步区分这些辉光，每层模糊的轴向并不同，一层是水平方向，另一层是垂直方向。

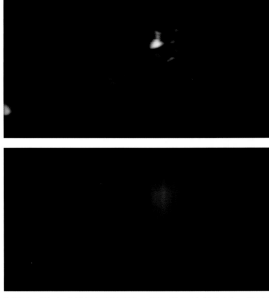

图 12.7   我们使用高对比度曲线从原始图像中提取的两个发光层，并保持了原来的颜色

当你将这两层加在之前的调色效果上时，会得到一个多层次的辉光效果，很好地扩展了画面，让画面更有趣（图 12.8）。

图 12.8　最终结果，使用 Add 合成模式将两个发光层与原始图像组合在一起

使用这个手法，只要图像本身支持，你就可以对画面添加尽可能多的额外的辉光，甚至可以分离某些细节的高光，以增加更多特定类型的辉光。

使用插件创建辉光效果

如果你的调色系统与第三方插件兼容，那么你还可以使用第三方插件，这些插件可以生成难度大的或者手动创建不了的几何效果。GenArts 的 Sapphire（蓝宝石）有许多这样的效果器，它们可以创造出闪烁、棱镜、彩虹效果，还可以自定义多个通道的模糊值来创建出颜色溢出的效果，从而创建一系列的伪光学效果（图 12.9）。

> ### Sapphire（蓝宝石）的 Glow（高光 / 光晕效果）滤镜是黄金标准
>
> 　　我尽量不偏心于某个供应商，但 GenArts 的蓝宝石滤镜在灯光、辉光和光学效果的模拟方面树立了卓越的标准，相信你并不会反对这一点。在过去几年的多部电影中，你都有机会发现它的身影。蓝宝石套装有许多优秀的过滤器，许多专业级的调色系统（达芬奇 Resolve、Scratch、Baselight、Mistika）都与之兼容。它们并不便宜，但是当你需要它们时，它们可以为画面增加视觉风格，而且这些滤镜提供了灵活的可定制性，因此，你可以制作只属于你自己的效果。

图 12.9 来自 GenArts 蓝宝石的 S_Glintrainbow（虹色星光）和 S_Glow（光晕）效果，
修改它们的默认设置，获得更微妙的效果

夸张的辉光和广播安全

最后一个注意事项：本节所示的辉光效果往往会在高光区增加大量的饱和度，从而导致广播非法，所以，需要对这些"白热"的高光作一定量的裁切来保证广播合法。

有个简单的办法能处理这个问题：在辉光效果后添加一个校正器（节点），在曲线高光控制点的附近添加一个点，然后降低高光（右上角）最高的控制点，或者使用柔化裁切（soft clipping）（这是达芬奇 Resolve 中的命名，其他调色系统也有相似的功能）来压缩画面的高光，让边缘看起来不那么硬。这些方法都可以让信号的顶部数字降低几个百分点，以便为你想要保留的额外饱和度创造余量（图 12.10）。

图 12.10　在调色后处理高光时所用的曲线，以帮助保持高光饱和度合法

一如既往，请注意你的波形示波器（waveform monitor，将波形示波器设置为 Flat，以便观察饱和度的波形）或复合示波器来查看是否有 QC 违规。当然，如果你有裁切器（clipper）可能问题会少一些，但你依然还是需要注意图像高光的位置。

使用重叠片段创建朦胧的辉光效果

你可以将相同的素材进行叠加，形成一层，对另一层素材通过高斯模糊滤镜（gaussian blur filter）进行模糊，然后使用复合模式将两层混合在一起来创建朦胧的薄纱效果。薄纱效果的确切类型取决于你使用的复合模式，但所有这些效果都可用于减少图像的细节，软化整体图像，并微妙地降低对比度。

　贴士　通过将 HSL 限定器、Shape 窗口、Power Window 与这个手法相结合，你可以选择性地给演员的脸部添加薄纱模糊，这是一个常见的策略。

　注意　被叠加的层模糊值越高，效果越柔和。模糊值的大小取决于你项目的分辨率——较高分辨率的项目需要更大的模糊值才能达到相同的效果。

1.　完成一级校色后，添加另一个校正器（即达芬奇中的节点或 Assimilate Scratch 中的 Scaffold 层）。

2. 确保之前的一级校色被拷贝到新的节点（或 Scaffold 层）上，在叠加的节点（或 Scaffold 层）上应用模糊参数（可以在 Assimilate Scratch 的 Texture 菜单中找 Blur）。

3. 最后创建效果，将叠加的节点（或层）设置为使用 Lighten（变亮）合成模式（图 12.11）。

图 12.11　在 Assimilate Scratch 中使用 Lighten 合成模式，将被模糊的层和原画面合成在一起

对于将模糊效果限制在图像的高光区域，保护底层的暗部细节完好无损，用 Lighten 模式效果显著。

4. 如果开始的效果太强，你可以调整合成节点（层）的模糊值，也可以调整其透明度。估计你可以猜到，降低透明度会减弱整体效果，提高透明度会增强整体效果。

　　贴士　如果你的调色系统支持 Overlay，那就试试 Overlay，这是另一个用于此类效果很好的、通用的合成模式。

这个处理方法的其他选项

你还可以通过使用不同的复合模式来组合被模糊层和不被模糊层，从而改变画面效果。下列使用指南是基于前一个例子来测试不同的复合模式，同时观察波形示波器中图像对比度所受的影响。

● Add 可以创建一个非常"热"的辉光发光，通常在透明度较低的设置下效果最好，因为它强化了很多高光。在图 12.11 的画面中，将透明度的值设为 17 效果将会很好。

● Multiply 在压暗整个图像的同时模糊画面。

● Screen 在提亮整个图像的同时模糊画面。

● Overlay 让整个画面柔和地发光，几乎不影响图像的对比度。

● Hard Light（硬光）增加对比度，提亮高光并降低暗部。

● Soft Light（柔光）可以减小对比度，降低亮点和提高阴影，从而发出柔和的光亮。

● Darken 降低高光，不影响暗部。

● Lighten 会提高暗部，不影响高光。

达芬奇 Resolve 内置的雾化功能

达芬奇 Resolve 自带的 Mist（雾化）功能，可以在 Blur 选项卡中找到，它可以让你创建类似薄纱般的风貌，旨在模拟各种"朦胧效果（pro-mist）"的光学滤镜。

单击"Mist"按钮可以编辑一组附加参数：Scaling（缩放比例）和 Mix（混合）。降低 R、G、B 的半径（默认情况下 RGB 是绑定在一起的）会锐化图像，而基于图像影调降低"Mist"参数可以将模糊混合到图像中。这允许你决定要"雾化"图像的哪个区域，是高光、高光和中间调，还是高光、中间调以及偏上的暗部（图 12.12）。

较高的 Mix 仅将模糊效果融合到高光中，而较低的 Mix 会将模糊效果融合到逐渐变暗的中间调，而在减少混合值时就会将模糊效果融合到暗部。

同时，Scaling 可以减轻或夸大当前混合值下的模糊效果。所以，调整 Mix 设置直至我们获得一个模糊效果和画面细节达到平衡的效果，然后调整 Scaling，直到你得到恰当的"雾化"效果。

图 12.12　使用达芬奇 Resolve 的 Mist 工具创建朦胧的薄纱效果

　　贴士　由此产生的雾化效果也会提亮图像的高光和中间调，因此，如果不希望发生这种情况，你需要随时调整 Gain 的亮度。

Baselight 的 Soften（柔和）工具

　　FilmLight Baselight 的 Soften（柔和）工具有两个参数：Amount（半径）和 Detail（细节）。Amount 选项决定了应用于图像的柔和程度，Detail 决定了你要保留多少原始图像的清晰度和细节。

第十三章

颗粒、噪点和纹理

　　一般来说，噪点是可以避免的——这种说法没毛病，但颗粒是电影摄影师和导演所信奉的电影质感的一个方面（虽然这一点正在改变），本章比较了数字噪点和胶片颗粒之间的差异，包括如何将噪点整合到图像，以及优化图像的贴士和方法。

什么是数字噪点

　　在一个图像中，除了固有的组成各个画面细节的像素，数字摄影机电路都会带来噪点。现代数字摄影机的心脏——感光硅芯片（目前为 CCD 或 CMOS），在低于一定的曝光阈值时，自然就会产生噪点。与音频记录电路一样，存在噪声基底，在该噪声基底上总是发生一定量的随机电子波动。这种噪点的大小取决于特定摄影机使用的芯片质量和尺寸以及正在记录的图像的光量。（译者注：简而言之，噪点永远存在，变化的是信噪比。）

　　当信噪比下降到某一阈值以下时，换句话说，当视频图像变得不足时，噪声（噪点）变得可见，在视频上叠加显示为动态的"嗡嗡声"。

　　增加数码相机的 Gain 或 ISO 设置会潜在地放大噪点以及视频信号的其余部分。类似地，拉伸曝光不足的镜头的对比度具有相同的效果，也会加剧图像内的潜在噪声。

我为什么要在完美的图像上增加噪点

　　有时，即使你将新导入的镜头与场景中的其他镜头的对比度和色彩完美匹配，新镜头的噪点或纹理仍然会因为与其他片段不匹配而在整个场景中突显出来。在这样的情况下，即使新进来的镜头比其他镜头的曝光更好，但场景中匹配镜头的必要性会要求你从其他镜头中移除噪点，或者将噪点添加到当前的新镜头中。如何处理由你来决定，但是在许多情况下，在单个镜头中添加一层噪点可能是最省力的方式。

随着时间的推移，日光减少，视频噪点也将随之增加，有可能你会被迫在下午 4:00 拍摄的原始镜头上增加噪点，让它可以匹配下午 6:30 拍摄的颗粒很大的镜头（我知道这个做法会让人难过）。

在其他情况下，你可能会做一些有限的合成，例如创建天空的替身，而天空素材与该片段其余（前景）部分的噪点纹理却不同。在所有这些情况下，将视频风格的噪点单独或成组添加到片段上可以帮你将那些匹配起来相当棘手的元素融合在一起。

什么是胶片颗粒

对于未经训练的眼睛，数字噪点和胶片颗粒可能看起来非常相似，但噪点和颗粒的产生原因是完全不同的（图 13.1）。视频噪点是与图像本身无关的、虚假的像素图案，而胶片图像却是由颗粒构成的。了解它们根本的区别，你可以更好地复现这些效果。

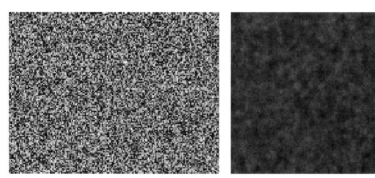

图 13.1 左图，放大了的程序生成的视频噪声。右图，放大了的扫描的 35mm 胶片颗粒（由 Crumplepop 公司提供）

胶片由 3 个感光层组成（嵌套在其他几种保护涂层中），每个感光层被设计成选择性地吸收（通过摄影机镜头进入的）光的红色、绿色和蓝色分量。这 3 层中的每一层都由悬浮在明胶中的微观卤化银晶体组成。

曝光后，这些晶体粘在一起成为金属银。每层曝光越多，晶体就变得越金属，并且该层密度就越大。显影时每层曝光的银颗粒会固定，并且去除未曝光的卤化银晶体。染色银粒的 3 个层组合在一起形成最终的图像。

胶片调色师所指的图像密度，是对胶片的每个单独层的曝光程度的描述。刚刚所述的（胶片曝光）过程导致负像，因为图像中最亮的区域产生最多的银颗粒，而图像中最暗的区域几乎没有任何颗粒。通过洗印到另一本胶片上以产生用于投影的拷贝，或通过胶转磁（telecine/datacine）的处理将图像转为数字格式，以上这两种方式都使负像变为正像。

注意 反转片是曾经流行过的胶片，它曝光后直接获得正像。

胶片颗粒有什么不同

胶片颗粒随着最开始的胶片曝光、冲印方法以及最终转印的帧尺寸和视频格式的变化而变化。基于所有的这些原因，胶片颗粒很难用单独的数字工具准确地再现。

对光线更敏感的快速感光胶片（fast stock）倾向于使用较大的颗粒，需要更少的光线就能更快地曝光，它们所产生的图像颗粒比慢速感光胶片（slow stock）要大，慢速感光胶片需要更多的光量来曝光，但胶片颗粒比较细。

当你将胶片素材转换为高分辨率的数字媒体格式时，你可以看到胶片颗粒并不是像视频噪点那样以单个像素为单位组成。如果放大到每个像素（per-pixel）的视图来观看，单个胶片颗粒是由一组自然的、抗锯齿的像素所组成的，这能实现一个颗粒到下一个颗粒的平滑过渡（图 13.2）。

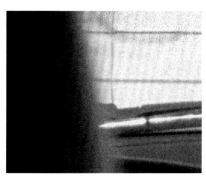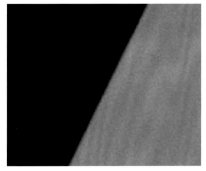

图 13.2 两个不同的胶片扫描画面，都是车内镜头调亮暗部所得的颗粒情况。
左图，16mm 的胶片扫描；右图，35mm 的胶片扫描

　　胶片的每个色彩通道表现出不同的纹理图案和敏感度，类似于录制数字视频的红色、绿色和蓝色通道中变化的噪点模式（图 13.3）。

图 13.3　柯达 Vision 3 曝光后扫描出来的红色（左）、绿色（中）和蓝色（右）通道的颗粒图案

在胶转磁和数据传输中的胶片颗粒

　　因为胶转磁设备使用数字成像技术将胶片信息转化成数字格式，所以胶片的颗粒和视频噪点的交集值得讨论。

　　现代胶转磁设备的成像组件可以自动识别和校正由胶转磁这个过程本身引入的噪点和视觉伪影（visual artifact），因此电子噪点从一开始就被最小化了。在大多数情况下，引入的噪点应该与扫描胶片所带的颗粒区分不出来。

　　此外，许多胶转磁设备具有额外的降噪功能，如有需要，操作员可以在胶片转成视频之前减少胶片颗粒。

　　最后还有一点，由于做胶转磁费时费钱，理想情况下你应该将数字母版扫描成 4∶4∶4 或 4∶2∶2 色度采样的无压缩视频格式。当你将要对图像作进一步校正，并防止压缩伪像导致图像噪点时，高质量采样可以确保最大的灵活性。

什么时候增加颗粒和噪点能帮助（提升）画面

　　大多数情况下，你会尽量避免对正在调色的画面添加噪点。然而，重点是你要知道并不是所有的噪点都是不好的。有限度的噪点也能带来一些意想不到的好处。

- 噪点和颗粒能降低 8 比特视频格式的色带伪影（banding artifact）的可视性，因为你基本上是在抖动（dithering）整个图像。

- 如果影片中插入了静止图像，添加颗粒和噪点可以使静止图像变得生动，让它们看起来更像实拍的视频素材。

- 在标题文字和其他插图风格的图形中添加一点颗粒或噪点可以削弱它们的边缘，可以将图形与背景图像进一步整合得更好。

- 添加颗粒或噪点，可以使干净的、曝光良好的镜头更好地匹配其他带有噪点或颗粒的场景。

模拟胶片颗粒

你可以用多种方式来模拟胶片颗粒。没有任何一种方法是完美的，如果你的手法使用得当，模拟的结果将会有足够的说服力。

最快的模拟方式是使用软件内置的噪点生成效果器。在紧要关头，这可以与少量的模糊结合使用来软化噪点的边缘，从而更接近胶片颗粒。在支持多个图像分层的应用程序中，可以使用复合模式将结果与图像混合。

如果没有内置的噪点生成效果器，那么你还可以使用合成软件来创建和导出匹配当前项目分辨率的、高分辨率的噪点或颗粒素材。例如，After Effects 有一个可靠的 Add Grain（添加颗粒滤镜）效果器，你可以控制强度、尺寸和边缘柔软度（以及很多其他参数），它可用于创建各种各样的人造颗粒（图 13.4）。

将 Add Grain 应用在 50% 的灰色上，并根据需要自定义滤镜属性，你就可以创建一个能与大多数镜头进行合成的颗粒素材。

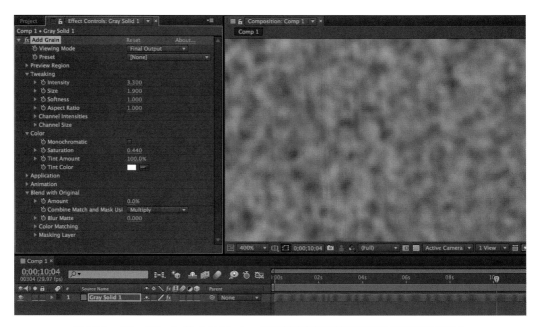

图 13.4　After Effects 的 Add Grain，用于创建在其他地方也能应用的通用颗粒层。
由于它是一个生成器，因此你可以灵活定制所需的胶片颗粒效果

合成真正的胶片颗粒

对于"最有机（自然）"的解决方案，你可以从各种供应商处购买扫描的胶片颗粒素材，在你所用的软件中将纹理（噪点或颗粒）层与你手上正在处理的图像混合在一起。

将颗粒素材与图像混合的最常见方法之一是使用合成模式，特别是 Overlay 合成模式。这是非常灵活的一种手法，可以用几种不同的方式来制作。

如果你所用的软件可以在时间轴上叠加素材片段，那你就可以将扫描的胶片颗粒素材放置在需要添加颗粒的场景上方的视频轨道上（图 13.5）。

一旦放置到时间轴中，你可以使用软件所提供的合成或混合模式，将颗粒素材与下面的视频图像作合成。例如，Smoke 允许你将 Axis effect（轴效果）（图 13.6）添加到片段中，你可

以在里面选择合成模式并调整透明度百分比，以便在时间轴上将该素材与下面的剪辑片段进行合成。

图 13.5　在剪辑好的时间线上方叠加颗粒素材

图 13.6　Smoke 的 Axis effect 可以将叠加的片段与时间线上的任何片段进行合成

这种功能和类似的操作形式，对于非线性剪辑软件和其他基于时间轴剪辑环境的软件来说是相当标准的，如达芬奇 Resolve。或者你还可以利用调色系统的内置功能，组合外部图像与实拍素材作为调色操作。

在达芬奇 Resolve 中添加颗粒

达芬奇 Resolve 有一种机制可以将素材作为外部蒙版导入，可以在调色时（节点中）添加纹理。首先，你必须先把纹理素材作为蒙版导入，你可以将纹理素材附加到特定的片段中（用于片段调色），也可以将纹理素材导入为自由浮动的蒙版（用于整个时间线调色）。

完成导入操作后，你可以右键单击任何节点，并从 Add Matte（添加蒙版）的下拉菜单中选择要使用的蒙版。片段中的节点仅显示已连接到该节点上的蒙版，当节点在时间线模式时，会显示已导入媒体池的所有未附加蒙版的列表。

　　一旦你选了一个蒙版，它就在节点编辑器中显示为 EXT MATTE（外部蒙版）节点，在节点的右下角有一个圆形的橙色 RGB 输出，可以连接到 Layer Mixer 节点的第 2 个输入，以便通过 Layer Mixer 的合成模式（通常为 Overlay）将两个节点混合在一起（图 13.7）。

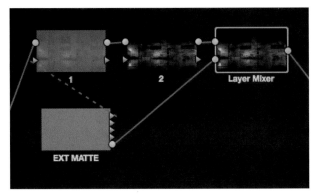

图 13.7　在达芬奇 Resolve 的调色页面中的节点树，叠加的颗粒素材来源于媒体文件

　　如果要调整颗粒层的效果，可以在 EXT MATTE 和合成节点之间连接另一个校正器，并使用它来处理颗粒层的对比度、颜色和锐度，然后再通过 Layer Mixer 进行合成（图 13.8）。

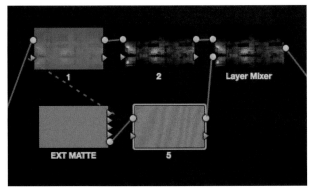

图 13.8　在 EXT MATTE 和 Layer Mixer 之间添加色彩校正，可以让你控制颗粒素材的视觉质量

图 13.9 展示了最终的结果。

图 13.9　左上图，被放大的原始图像，没有叠加颗粒。右上图：叠加了颗粒的图像。
底部图：在颗粒与图像合成之前，对额外的校正器进行调整的结果

在 Baselight 中添加颗粒

　　FilmLight Baselight 也有调整合成模式的通用控件，而 Result Blending 滑块可以用来将特定的层与原始图像或其他调色层，又或者与其他媒体素材进行合成。当将实拍素材与其他媒体文件进行合成时，这些控件工具非常适合将颗粒和纹理添加到各个片段或整个序列中，具体取决于添加纹理所需的序列数量。

　　假设你要对整个项目添加颗粒效果，首先要插入或添加一个新的图层到序列中，然后，到该层 Result Blending 控件的 Source（合成源）菜单中，单击 Second Input（第 2 个输入源）（图 13.10）。

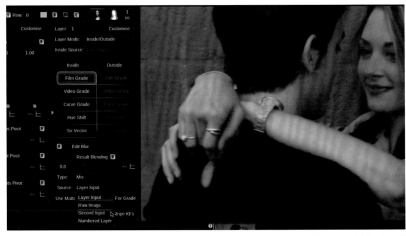

图 13.10 在 Result Blending 控件的 Source 中选择 Second Input，将另一层素材添加到调色中

这就添加了一个 Blend Source（混合源）参考层到调过色的时间线上（图 13.11）。

图 13.11 添加了 Blend Source 层的调色

选择新的参考层，然后单击 Swap For Sequence Strip（交换序列层）按钮来选择要与当前画面进行合成的媒体文件。在弹出的 Sequence Browser（素材浏览窗）中找到胶片颗粒素材并将它添加到这层内。此时，你要选择合成模式（Hard Light、Overlay 或 Add 适用于不同类型的颗粒图像，选择哪个模式具体取决于它们的亮度），然后将合成滑块的值设置为除了 0.0 以外的值，以根据需要将颗粒层融合到图像中（图 13.12）。

如果你需要对混合的颗粒层进行调整，你可以在颗粒层下添加一个 FilmGrade，用 FilmGrade 里面的工具来调整颗粒的颜色和对比度（图 13.13）。

此外，你可以在时间轴中使用两个 Cursor（时间线播放头）（第 2 个 Cursor 设定为隐藏调色效果）在合成图像和原始图像之间相互切换，以方便评估两者之间的差异（图 13.14）。

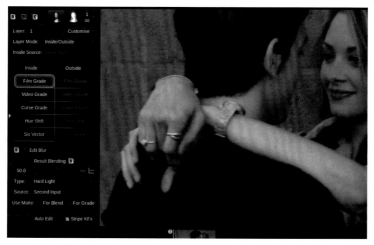

图 13.12　使用 Hard Light 合成模式将图像与胶片颗粒素材混合之后的画面效果

图 13.13　添加另一个图层，用于调整上面的 Blend Source 层

图 13.14　使用分屏来评价颗粒应用的结果

在 Assimilate Scratch 中添加颗粒

在 Scratch 中，有一组 Texture 控件对于合成胶片颗粒和其他纹理元素很有用，正如调色步骤的一个部分。首先，你必须先将纹理素材导入项目中的 Construct（时间线）[1]。然后，在 Matrix（矩阵）[2] 中打开 Texture 以访问 Front（前景）控件和 Matte 控件（图 13.15）。

图 13.15　Assimilate Scratch 中的 Texture 控件，可以看到控件中填充了纹理素材，该片段使用了 Dodge（加暗）模式与图像做了合成

通过单击 Fetch（选取）按钮，将颗粒素材添加到 Front 控件内，该按钮会让你临时访问时间线，以便你可以将要使用的纹理素材拖放到 Front 控件上。

完成后，你可以单击 RGB 按钮，选择 Scratch 提供的其中一种合成模式（图 13.16）。

图 13.16　Assimilate Scratch 的合成模式

在这种情况下，Dodge 合成模式让柯达 5203 的胶片颗粒片段和实拍素材实现了最好的融合。

---

① 原文使用的是 Construct，而在新版本 Assimilate Scratch 中是 Timeline，即时间线。——译者注

② 原文使用的是 Matrix（矩阵），而在新版本 Assimilate Scratch 中则是 Color 模块。由于 Assimilate Scratch 的更新速度很快，因此在本书出版时软件可能迭代多个版本，对应的选项请查阅 Assimilate Scratch 的说明书。——译者注

用于添加颗粒的复合模式 ①

Overlay 模式对于这种合成操作是最常见的，但你也可以尝试其他合成模式，将数字噪点或纹理素材集成到图像中以实现不同的结果。

- Multiply 和 Darken 都能增强高光中的噪点，而不会增强阴影部分。

- Screen 和 Lighten 能增强中间调和阴影中的噪点。

- Subtract（相减）会在整个图像上应用均匀的噪点层，会增强中间调和黑位。

- Overlay 和 Hard Light 两者都可以在整个图像上应用更均匀的噪点层，但不会加强中间调和黑位。

- Soft Light 增强最暗的阴影中的噪点。

胶片颗粒（素材）的供应商

以下公司提供不同的高品质胶片颗粒素材。这些系列中许多还包括胶片（边缘）耀斑和漏光素材。

- Grain35 是包含 11mm、35mm 和 16mm 扫描胶片资源的包，包括各种各样的胶片，分辨率为 4K 和 1080。
- Cinegrain 提供 3 个系列：个人收藏系列（由分辨率为 1080 的 50 个素材组成）；独立电影制作人系列（125、275 或 325 个素材，取决于素材包）；专业收藏系列（425 个素材）。每个系列都包括 35mm、16mm 和 8mm 扫描的颗粒、污迹、划痕、引导片、耀斑（边缘眩光）和胶片的拼接，并且各种分辨率都有。
- Rgrain 提供高达 6K 的胶片颗粒模板。
- Gorilla Grain 提供不同的 35mm 和 16mm 胶片颗粒和漏光效果包，分辨率达到 2K。

---

① 这一小节，作者用"噪点（noise）"替代了"颗粒（grain）"，表达的是颗粒或纹理元素，特此说明。——译者注

将纹理素材添加到图像中

在这个现代化的完美数字时代（至少根据一些人的观点而言），有时候需要更多粗糙的质感才有对的感觉。

胶片损坏、数字色块（digital macroblocking）、模拟丢帧或转印到胶片上的污迹都可以为原始图像添加纹理，"弄脏"图像让画面看起来老一点、更真实或更粗糙（图 13.17）。这么做相当于调色师将黑胶唱片中的嘶嘶声和流行音乐一起添加到数字音频录音中。

图 13.17　用 Overlay 模式将图像与带有划痕和雾化的胶片层混合在一起

将纹理应用于镜头最简单的方法之一就是将素材和调色师 Warren Eagles 所指的"装饰外框"叠加在一起。Eagles 解释道：

　　1990 年，当我还是胶转磁助理时，我就开始收集这些素材。导演经常要求我将录像带放进录像机，然后"玩"胶片。这意味着快速地卷绕胶片，使胶片一直

运行，显示齿孔和片边码……一些导演甚至鼓励我刮擦他们的胶片，我通常会把
电影放在尘土飞扬的楼梯间！另一种常见的方法是在放进扫描仪之前用刀刮伤胶
片。有时胶片真的会裂开（被破坏），当齿孔落在扫描光束上时，会产生一些很好
看的效果。我不太受早班调色师的欢迎，他们常常想知道为什么胶片的碎片会散
落在他们的机器上。

很多供应商提供撕裂的胶片素材、故障素材、浮尘（特别酷的空气效果）和其他纹理素材。
如前所述，将纹理添加到调色画面的方法和添加胶片颗粒的手法相同。

但是，需要记住的一点是，由于纹理素材通常比颗粒素材大，所以你可能需要花更多的时
间进行调色并调整这些效果，使其适合图像色调（图 13.18）。如果素材直接拿来用的话，举个
例子，8mm 的胶片扫描会给与其相乘的图像带来大量的绿色。

图 13.18　将纹理素材与视频合成之前先对画面进行调色，以获得更合适的画面效果

对胶片素材层的高光加暖之后，再提高 Gamma 来提亮中间调并稍微去饱和，调整之后，素材层与女演员的脸部能更好地无缝融合在一起。

胶片纹理和划痕的素材供应商

本节所示的所有纹理元素均由 Warren Eagles 和 FXPHD 的 Scratch FX 提供，本书可下载的资源包含的 5 个素材可供你免费使用。如果你想要获得更多内容，以下公司提供了非常不同的纹理、胶片污迹、噪点和撕裂效果的素材集，你可以利用它们使你的图像拥有完全不同的感觉。

- Scratch FX 是经验丰富的调色师 Warren Eagles 的个人胶片收藏系列，包括胶片损坏、烧灼、漏光、颗粒和视频元素，适用于各种用途。
- MDust 是关于灰尘元素的系列，包括漂浮的粒子，用于增加图像的气氛和深度。
- Rampant 屏幕损坏（Rampant screen damage）和 Rampant 故障效果（Rampant glitch effects）是模拟和数字失真、静止效果和人工伪像的效果集，可以叠加在图像上，用于故意裂化（撕裂）画面。

用插件来添加纹理和颗粒

如果你的调色系统与第三方插件兼容，那么像 GenArts 的蓝宝石等软件包具有添加不同类型纹理和颗粒的特定效果。在蓝宝石的 Stylize 组中，你可能会发现下面这些插件有用：S_FilmDamage、S_Grain、S_JpegDamage、S_ScanLines 和 S_TVDamage。

第十四章

绿幕合成调色流程

一些调色师经常询问关于如何对绿幕镜头和将要合成的背景素材进行调色，即使是在桌面级工作站也有很多选择来处理这个问题。视效监制和调色师格雷·马歇尔（Gray Marshall）[1] 分享了这些工作流程在专业合成系统中的处理方式，归结为两种基本方法：先对样片调色，或者套用预生成的蒙版对最终的合成结果进行调色。

准备绿幕样片

在这个工作流程中，你可以将渲染过的素材移交到像 The Foundry 的 Nuke 或 Autodesk Smoke 这类系统中，在合成前对不同的元素进行调色。这种方法的优点在于，合成师不用担心自己要去匹配背景和前景素材，他们会非常开心。

大多数高端合成系统允许你用绿幕镜头创建一个版本的蒙版，然后（用相同的绿幕镜头）合成另一个不同的版本。这意味着你可以自由地对前景绿幕镜头进行调色，以匹配任何将要合成的背景，而不用担心会影响镜头内的绿色。如果你的调色系统允许你使用 HSL 限定器作为 alpha 键来创建一个简单的合成，那么你可以带着背景底板对前景素材进行调色。或者你可以使用传统的分屏来实现相同的结果。

当你调色时，你将为合成师输出 3 种素材：一个调色后的前景素材、一个未调色的前景素材和一个背景底板素材（图 14.1）。正如你所看到的那样，校正过的前景素材的绿色已经完全去饱和，消除了一部分被摄主体的绿色边缘。这样渲染出来的画面无法做键控，但这不是问题。

---

① 格雷·马歇尔（Gray Marshall）曾参与《搏击俱乐部》《复仇者联盟 2 : 奥创纪元》《美国队长 1》《雷神》《黑豹》《蚁人》《罗马》等多部电影的后期制作。——译者注

图 14.1 从左到右：调色后的绿幕镜头、未调色的绿幕镜头和背景底板素材

有了这 3 个片段，合成师可以在未校正的前景镜头上拉一个键，然后将所得的 Alpha 蒙版分配给调色后的前景素材，如在 Autodesk Smoke 的 ConnectFX 合成环境中，此节点树如图 14.2 所示。

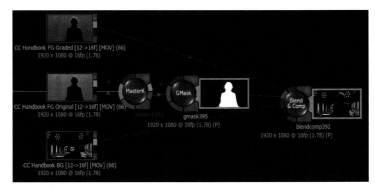

图 14.2 在 Smoke 中将这些元素合成在一起的结构图

注意 虽然使用 HSL 限定器可以对绿幕拍摄的前景主体和背景绿色作单独的调整，但我了解到这并不理想。在这个主体周围的颜色差异最终会给合成师带来麻烦，他们更喜欢将一个简单的颜色调整应用到整个图像上，包括绿色。

某些应用程序不能将键控蒙版分别分配给不同调色片段，如果你的片段有可能被交到这些程序中，那么你需要对画面的调色更加小心。你不能对绿色整体降饱和度，对画面的任何调整都要尽量简单。你要保持背景绿色（或蓝色）的色调与前景主体之间的色调分离。

在这种情况下，以下工作流可能更合适。

完成合成后再调色

　　另一种工作方式是简单地为合成师提供干净的、未匹配的底板，让合成师做他们的工作，并让他们为你提供两种媒体资产：完成合成后的画面和他们做合成时创建的（分离前后景的）蒙版（图 14.3）。

> **注意**　大多数键控器提供了输出原始图像、合成图像和蒙版图像的方法，允许导出蒙版为自包含文件，以供其他应用程序使用。

图 14.3　未调色的合成画面（左图）及提供给调色师对应的蒙版（右图）

　　大多数调色系统可以导入蒙版素材，用于限制色彩校正（节点或层）的调色范围。在图 14.4 中，你可以看到如何在达芬奇 Resolve 中进行设置。

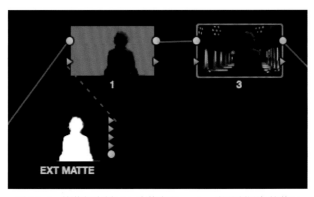

图 14.4　将蒙版素材导入达芬奇 Resolve 以限制调色的范围

将已导入的蒙版连接到校正器（节点），从而令该校正成为二级调色操作，现在可以自由地对前景进行调色使之与背景相匹配（图 14.5）。

图 14.5 重新对两个合成的画面调色以匹配前景和背景，调整前（上图）和调整后（下图）

在合成时匹配前景和背景底板素材的这些手法与《调色师手册：电影和视频调色专业技法（第 2 版）》第九章内描述的相同。请记住 RGB 分量示波和波形监视器示波器是很有用的工具，可以帮助检查前景主体的色彩通道和亮度水平是否与背景颜色和亮度相匹配。

注意 这种方法虽然有效，但不如在合成之前或在合成期间就调色那么理想，因为在各种元素合成在一起之前，你更能精细地控制颜色。

第十五章

镜头光晕与杂光[①]

当现代出版物谈到镜头光晕时，就不能忽略 J.J. 艾布拉姆斯（J.J.Abrams）[②] 关于镜头光晕的公开发言，最著名的是他的《星际迷航（*Star Trek*）》（2009 年，2013 年）。事实上，如果你在网络上搜索镜头光晕的信息，大部分都是关于《星际迷航》的链接。就我个人而言，我认为这类"做作的"风格化导致他受到了一些负面的评价。电影光晕并不是一件新事物，从 20 世纪 70 年代和 80 年代用变形镜头拍摄的科幻和奇幻电影就能看出来（特别是 1977 年的《第三类接触（*Close Encounters of the Third Kind*）》，我在写这本书之前再次看了一遍，强烈推荐）。

另外，经过传统训练的电影摄影师，曾经花了几年时间去避免由镜头眩光引起的视觉瑕疵，这些光晕轻则会减小图像对比度，而严重的眩光会导致画面上出现大量的条纹和八角形，无论是否有意而为，这一层眩光都会遮盖着我们所需的图像（图 15.1）。要避免眩光，需要仔细地控制灯光，包括使用遮光布、遮光罩，或工作人员拿一块纸板来遮挡光源。较新的镜片采用特殊涂层，被设计成减少光晕，而定焦镜头由于减少了镜片组件，也就随之减少了光晕。

图 15.1　使用视频变焦镜头拍摄，光晕出现在镜头上，眩光和各种光斑占据了图像的大部分面积

---

① 　原文为 Lens Flaring and Veiling Glare。在前期拍摄和后期制作中，光晕、耀斑、眩光都是指 lens flare。关于 Veiling Glare，在成像光学系统设计领域经常使用的术语是面纱杂散光、面纱眩光，也会翻译成鬼影、眩光和杂光，为了方便理解和阅读，Veiling Glare 在本章都译为"杂光"。——译者注

② 　杰弗里·雅各布·艾布拉姆斯（Jeffrey Jacob Abrams），常被称为 J.J. 艾布拉姆斯，著名的美国导演、监制、电影电视制作人、编剧和作家。代表作品有《碟中谍 3》《星际迷航：暗黑无界》等。——译者注

2013 年 5 月 23 日，洛杉矶周刊（*LA Weekly*）的凯西·伯奇比（Casey Burchby）采访了电影摄影师丹尼尔·明德尔（Daniel Mindel）[1]，丹尼尔分享了他在《星际迷航（*Star Trek*）》中实拍光晕的一些想法。

> 在我作为摄影机技术员接受培训时，我们被教导要阻止一切眩光并保持摄影的完整性。我一直都认为光晕一直伴随着我们的日常生活。一切物体都会产生光晕，像车的挡风玻璃、灯泡。我在拍摄过程中允许眩光自然而然地产生，让光晕更加真实。J.J. 和我观看《碟中谍 3（*Mission：Impossible III*）》的样片时感到兴奋，里面有我们拍到的令人难以置信的镜头光晕。他真的很喜欢这些，这是我们实拍过程中自然引入的光，而且还让它经常出现。

事实上，如果你在一个光源强烈、光线充满画面的场景中，镜头眩光是无处不在的，比如在有太阳（图 15.2）、体育场内的灯光、汽车前大灯或（拥有高科技能量发射涂层的）不明飞行物的场景中。假如屏幕上的光特别强烈却没有眩光，那么这与物理规律是相违背的。

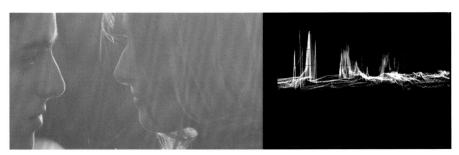

图 15.2　摄影机平移之后太阳就会在画面上产生光晕

事实上，在合适的条件下，人眼本身就会产生杂散光。在"开发一种系统用于研究前照灯眩光在驾驶模拟器中的影响"（*Development of a system to study the impact of headlight glare in a driving simulator*）一文中，马修·富勒顿（Matthew Fullerton）[2] 和伊莱·佩利（Eli Peli）[3] 开始观察：

---

①　丹尼尔·明德尔（Daniel Mindel，南非名字是 Ivor Daniel Mindel），南非裔美国电影摄影师，因其为雷德利·斯科特、托尼斯科特和 J.J. 艾布拉姆斯等导演制作大片动作片而闻名。——译者注

②　马修·富勒顿（Matthew Fullerton），软件开发工程师，10 年来从事各类型的研究和开发，后来致力于驾驶模拟研究、交通建模。——译者注

③　伊莱·佩利（Eli Peli），研究员，哈佛医学院眼科教授。——译者注

"眼内和眼外的光散射会导致杂散光，降低了视觉场景中的视网膜对比度，从而降低了可视性。"我们通过观看点燃的蜡烛并观察火焰周围微弱的、温暖的光环，可以很容易地看到这一点。这种现象已经成为艺术，如同光线和柔和的条纹，在几个世纪以来的绘画中都能发现眩光的应用，因此，通过各种形式利用眩光作为艺术手段并不新鲜。

多年来，摄影师开始明智地在拍摄时引入眩光，在开始拍全景的风景镜头时，不可避免地会拍到太阳，接着在拍更近更紧的景别时，镜头光晕就慢慢地被引入电影的镜头语言（电影手法）中。关于早期利用眩光的电影，《逍遥骑士（*Easy Rider*）》（1969）经常会被提及，摄影师是拉兹洛·科瓦奇（László Kovács）[1]，眩光在这部电影中的应用为电影提供了更多的即时性，展现出"跑轰战术"（篮球术语）[2] 的"瑕疵"，而这种手法常见于纪录片（另外，科瓦奇也是《第三类接触》的副摄影指导）。

根据观众的视觉经验，对于大家来说镜头眩光通常出现在纪录片实拍、灯光设计较少的情况下，然而，眩光也被用来为视效电影增加合理性。正如《2001 太空漫游（*2001：A Space Odyssey*）》（1968）里有许多很好的例子，在拍科幻场景时借鉴了纪录片的现实主义拍法。而最近看到的《银翼杀手（*Blade runner*）》（1982）30 周年纪念版，解密了在建筑模型中毫不掩饰地使用镜头眩光，以及在拍摄中允许遮掩杂光和眩光自由出现，为整部电影增添了极强的气氛。显而易见，将光晕作为 CG 与实拍整合的一部分，在当代电影中使用眩光风格的例子很多。

鉴于所有这些背景，调色师可以利用光晕（无论是前期实拍还是后期模拟）来达到以下目标。

- 创造一种重要的、开阔的摄影感，暗示这个场景、这一刻是特别的。

- 柔和的光晕会降低对比度，类似使用发光或雾化的效果可以给图像营造浪漫或怀旧的风格。

---

① 拉兹洛·科瓦奇（László Kovács，1933—2007），匈牙利电影摄影师，在 20 世纪 70 年代对美国新浪潮电影的发展很有影响力，与诺曼·杰威森、马丁·斯科塞斯等著名导演合作过。——译者注

② 原文是 "run and gun"，取自篮球运动，即 "跑轰战术"，这是一种以快速移动打法为主的战术风格。球队会尽可能快速球，到达对方阵地，之后快速投篮，利用这种取分方式获得胜利。作者利用这个词来表达纪录片拍摄时的即时性、机动性和临场发挥的爆发力。——译者注

- 提示画面中的太阳或其他光源（如火箭发动机、高能物理实验或漂浮的不明飞行物）的惊人亮度和热量。

- 利用光晕将做过合成的元素整合到场景内。在合成的区域（或元素）添加同一款眩光效果，以贴合场景本身拍摄时的光晕。

- 营造一种匆忙的、尽量使用"可用光"（环境光）的纪录片感。

- 当你有意营造一个比较暗的场景但又希望在特定区域内看到阴影细节时，利用光晕可以为特定区域增添生动的补光。

最后一点是最重要的一点。记住，光晕或眩光可以减小对比度，而调色师把模糊的人造眩光作为一种调色工具来提亮暗部（或为特定区域做补光），对适用这个手法的镜头，利用光晕会比使用遮罩并在遮罩中调整对比度更能获得自然的效果。

光晕的类型

镜头光晕有两种类型。大家都知道，将镜头正对太阳或其他足够亮的光源，可以产生划过镜头的多种眩光（耀斑、光斑等）元素（图 15.3）。这些耀斑是强烈照明的结果，是由光在镜头的每个元件内反射和散射所导致的，放置在镜头前的滤镜可能会不小心或故意（使用不同类型的衍射滤光片）加剧这种影响。这种类型包括以下特征。

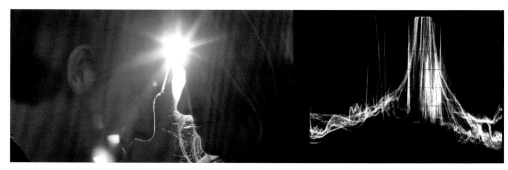

图 15.3　镜头正对光源拍摄所得的画面

- 组成一个镜头所用到的每个组件会在图像（光晕）中形成独特的形状。而变焦镜头具有许多不同的镜头组件，它们是创建复杂眩光的重要因素。

- 应用到元件上的涂层或透镜涂层的老化可以使眩光着色。

- 光圈叶片组能产生眩光中的图案和形状，类似于光斑，或者是浅景深的光学模糊形状。

然而，一种更有趣的眩光类型是光线并不正对摄影机（off-camera）（图 15.4）。这种眩光会充满画面，它们可以被看作是宽阔的光束（光晕）或椭圆形的光区，而不是明显的、很多光斑元素在闪烁的眩光效果。

图 15.4　光晕来自明亮的光源（窗户），灯光没有正对摄影机，在取景框边缘造成光晕

这种薄纱似的眩光也会造成图像大面积的低反差补光效果，眩光出现的区域会提亮该区域中的暗部（图 15.5）。你可以利用波形监视器来分析不同状态的眩光，通过示波器你可以看出光晕减少了图像中哪个区域的对比度。图 15.5 中的 WFM 波形清楚地表明，图像左侧的眩光使信号的暗部比图像右侧无眩光的暗部提升很多。

看看罗宾（Robyn）[①] 的音乐作品《打给你的女朋友（*Call Your Girlfriend*）》（摄影指导：克里勒·福斯伯格（Crille Forsberg）[②]），这个有趣的例子包含了上面两类眩光。夸张的眩光是由于使用了正对镜头的强光和变形镜头，通过横向拉伸来实现的。

---

①　罗宾·米利阿姆·卡尔松（Robin Miriam Carlsson），艺名 Robyn，唱作型歌手，出生于瑞典的斯德哥尔摩，是瑞典近年来炙手可热的流行歌星之一。——译者注
②　克里勒·福斯伯格（Crille Forsberg），瑞典著名的摄影指导，擅长广告、短片、MV。——译者注

图 15.5　来自窗户的眩光减少了图像左半边的对比度

使用插件添加眩光

电影摄影师通常将眩光放置在他们要用的地方，而你会遇到这些情况：实际画面上的灯光元素不够亮，产生不了眩光；或者在调色的过程中，客户可能会要求你在眩光该出现的地方加强高光。或者，你正在进行的项目是一个音乐视频，而客户希望能用令人印象深刻的眩光来活跃画面。在这些情况下，越来越多的调色系统兼容第三方插件，例如非常流行的 GenArts 的 Sapphire 蓝宝石插件，或者经典的 Knoll Light Factory，它有各种类型的镜头眩光、辉光和光学效果（图 15.6）。

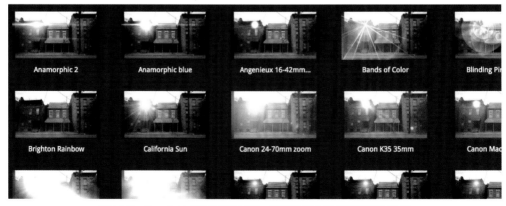

图 15.6　GenArts FX 的浏览窗口，有各种镜头光晕预设供你选择

通常我们会为画面选择一个镜头效果并一直使用它，下面的例子将告诉你如何利用柔和的镜头眩光来创造更微妙的效果，相当于在对画面进行数字重新打光（补光）的同时增加额外的纹理质感，再调整眩光的形状从而为整个画面增加视觉趣味，而不是简单地提亮图像。

例如，图 15.7 是《僵尸启示录（*Zombie Apocalypse*）》调色匹配之后的镜头画面。客户希望画面有对比度而且偏暗、冷色调，但注意不能压暗高光，因为天花板的灯上还有闪烁的火花。

图 15.7　《僵尸启示录（*Zombie Apocalypse*）》调色后的画面

调色后，客户想知道是否有办法让灯光和火花看起来让观众印象更深刻，而且客户也想让前景的尸体更明显。这是尝试添加一些光晕的好机会。

1. 如果你所用的调色系统支持第三方插件，那就可以用不同的插件来添加想要的光晕效果。

   在本示例中，我使用 GenArts Sapphire（蓝宝石系列）的 S_LensFlare 插件（GenArts 蓝宝石与 Baselight、Mistika、Nucoda 和达芬奇 Resolve 都兼容）。

2. 大多数眩光特效在取默认值时效果都会比较明显，甚至过于夸张。如果可以的话，你可以转移客户的注意力，让客户不要注意监视器上的画面，在客户回头注意到画面之前将眩光效果调整到更接近于你真正想要的预设。在 Sapphire 内，S_LensFlare 插件可以访问 GenArts 的 FX Central 预设浏览器，你可以使用各种镜头效果，包括用胶片实拍并扫描得到高分辨率的镜头眩光素材库（图 15.8）。选择一个接近当前画面补光量和颜色的预设，然后再做自定义调整。

图 15.8　GenArts 的 FX Central 提供的光晕预设

3. 在选好眩光的类型后，你需要调整光晕的几何形状，使它适用于图像需要补光的部分。在软件界面里，你可以将眩光效果的中心位置定在最亮的发光光源上（如图 15.9 中的达芬奇 Resolve 所示），调整眩光光环的直径，调节眩光元素的消散角度。一般来说，耀斑通常会穿过屏幕中心切割对角线，但是软件上有许多光晕的变量可以打破物理规则，以便你能更好地调整眩光到所需的状态。

图 15.9　达芬奇 Resolve 中的眩光控制界面，你可以调整眩光的位置和角度

4. 现在,眩光的类型和形状已经确定,接着我们要调整眩光的颜色,让它贴合镜头、更自然。调整光晕的整体亮度和模糊度，慢慢减少眩光的效果，直到它显示为一层微妙的补光，突出图像的高光细节（图 15.10）。

图 15.10　最终的光晕效果，为场景提供了一些关键的补光

　　如有必要，你可以用其他遮罩或形状进一步限制光晕的效果，以防止眩光影响你想保留的暗部区域。调整后能获得一个微妙的补光，还有你喜欢的高光细节和有趣的光学动感，为你的调色添加了一个维度。除了亮度和模糊，你还能调整光晕的颜色、光线的长度和眩光的质量等。GenArts 特别提供了许多控件，包括大气纹理和闪烁，你可以使用它来定制任何模糊效果，使其成为你自己的效果。

　　注意　如果你所用的调色系统没有眩光的插件，你也可以将片段输出，再将它放到合成软件或剪辑软件中添加眩光。

使用遮罩或窗口来伪造眩光

　　如果你没有任何镜头眩光插件，你也可以利用遮罩来限制暗部的提亮范围，伪造光源在镜头外所产生的面纱式眩光。这种方法类似于制作人造的辉光效果，只是你会调整更广的范围，而不仅仅只调整高光。

　　以下例子的调整起点是一天快结束的时候，从黄金时段的光可以看出这是一个挺不错的、柔和的光线环境（图 15.11）。然而，客户想要一个更柔和、低对比度的处理，因为这是一个浪漫的时刻。客户想要试试"雾化（pro-mist）"效果，而你提出可以试试用眩光效果来替代。

图 15.11　原始调色

在图像的主光源处（在这种情况下主光源为天空）创建椭圆形或矩形遮罩并调整宽度；然后羽化遮罩的边缘，所以它的边缘过渡是柔和的，理想情况下会覆盖一些画面内容（在这个例子中，遮罩会盖到他们脸的一半），所以它看起来像光晕（图 15.12），而不像一个较差的用于提亮脸部的遮罩窗口。

图 15.12　将一个柔和过渡的遮罩（窗口或形状）放在需要制作眩光的地方

将遮罩定位并羽化后，只需提高 Lift 就能降低图像的对比度，与此同时保留白点，直到光晕看起来舒服。如果你想要添加额外的效果，让光晕带点光线的颜色，可以调整 Lift 色彩平衡控件以加点暖色（图 15.13）；如果你想让眩光的反射像是某种镜头镀膜过度应用的效果，也可以在 Lift 上增加点冷色。

图 15.13 通过提高 Lift 并在 Lift 上添加一点颜色来创建眩光效果

提高并着色 Lift（而不是调整 Gamma 或 Gain），可以添加足够的亮度而不会影响图像的高光，如果你想避免高光过曝，这样操作可能更好。

还有很多其他创造性应用眩光的方法，在下面的例子中，女演员站在漫反射的白色天空前，我们用相同的步骤在她脸上添加光晕。这次使用自定义形状，利用带软点的曲线遮罩添加柔和的、条纹状的高光（图 15.14）。

图 15.14 使用不规则形状创建不同的眩光

在这个遮罩上添加另一个更小的形状遮罩（图 15.15），这样你可以创建两种颜色的光晕：在第 1 次调整中，在 Lift 色彩平衡控件上添加蓝色，而第 2 次调整则是在较小的内部遮罩中加入红色－紫红色。

图 15.15 添加第 2 层染色的眩光，重叠两个形状遮罩

有了这两个变量，最终会得到一个动态的眩光（图 15.16）。

图 15.16 两种颜色的眩光效果，调整之前（左）和调整之后（右）

这些手法都是以创造性的方式人为地"破坏"图像，可能不适用于每个项目，当你要有创意地构建一个低反差、光线浸润的风格时，你可以用上这些手法。

减少眩光

还有一个相反的情况是客户需要你减少画面中实拍的眩光。如图 15.17 所示，眩光基本上位于图像的低反差区域，在这种情况下，来自窗户的轻微溢光影响了画面的左三分之一，你可以通过女演员的脸部和头发光看出来。

图 15.17　原始画面。来自窗户的眩光降低了对比度

　　如果你想修复这个问题，可以针对这个受眩光影响的区域选择性地增加对比度。在这个例子中，你可以在图像的左三分之一处添加一个简单的渐变或矩形窗口 / 形状遮罩，然后降低 Lift 并提高 Gain（或调整 Contrast 和 Pivot 控件）来提高对比度并设置该眩光区中的黑位，以匹配无眩光区的黑位（图 15.18）。

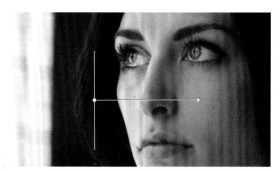

图 15.18　使用渐变窗口 / 形状遮罩并羽化，扩展该区域内的对比度，抵消镜头中的眩光

　　记住，如果你正在处理很多眩光，这种方法只能最小化眩光，不能消除眩光。在下面的例子中，这种眩光非常极端，尽管已经对该区域增加对比度并且调色（在这种情况下，必须拉大反差才能增强饱和度，特别是在黄色中），但这很难消除所有的眩光并创建匹配同场景其他镜头的自然的图像。在这种情况下，你可以使用多个重叠的形状遮罩，有选择性地改变画面对比度（图 15.19）。

图 15.19　使用两个重叠的窗口来增加图像的对比度，以减少光晕的影响

去除光晕的手法类似于减少长焦镜头或风景镜头中的眩光和空气光的方法。

第十六章

漏光效果和色彩溢出

我力求用色彩来表达我想表达的，而不是单纯地再现我所看到的。

——凡·高[①]

很多年前，我的一位很有才华的摄影师朋友黛安娜说，她一直想要黛娜相机（Diana camera）。作为一名电影制作人，开始的时候我并不知道那是什么，所以我在 eBay 搜索并购买了塑料的 Diana camera。当我收到相机时，我惊讶于这台相机的廉价和简单性：四四方方的相机、塑料镜头和全手动操作。在同一时间，我另一个朋友购买了一台 Holga，开始尝试低保真摄影效果，利用这些塑料相机的塑料镜片捕捉漏光效果、暗角、边缘模糊、色差和扭曲的胶片风格（图 16.1）。在过去的 15 年时间里，像 Lomography 这样的公司一直在做这种类型相机的生意，将这些想法和创意性的"错误"引入图像之中。

图 16.1　用 Holga 相机拍摄的照片（由 Joe Reifer 提供）

---

① 　文森特·凡·高（Vincent van Gogh，1853—1890），荷兰后印象派画家，代表作有《星空》《向日葵》系列，自画像系列等。——译者注

　　然而，不仅塑料照相机爱好者一直在尝试将"故障"作为图片创意，现在的客户也会要求调色师创建"Instagram 风格"，他们可能会选择 Instagram 里很夸张的数字滤镜如 Lomo-Fi、Lo-Fi、Gotham（Instagram 现在已不提供）和 Poprocket（Instagram 现在已不提供）。特别地，Poprocket 的标志性风格对这些塑料相机进行了有趣的漏光和渗色的模拟。幸运的是，现在的数字调色系统可以使调色师灵活地创造这种风格。

　　当创作"漏光"风格时，请注意以下几点。

- Holga 和 Diana 照相机的镜头是塑料的，边缘焦点并不确定。

- 胶片推进结构的构造导致了不规则的暗角。

- 相机外壳结构不良，后盖的接缝处容易漏光，从而容易让光线进入齿孔，导致胶片的不规则曝光。

　　此外，"低保真"塑料相机的爱好者也倾向于使用诸如 LomoChrome Purple 等非常规胶卷，其广告词提到"令人赞叹的彩色负片，可以提供自然的红外效果！"，这是另一种可以让颜色更混乱的冲洗处理，比如交叉冲洗（如第五章所述）。

　　当你创建这种风格时，其实并没有固定的步骤用来对每个图像都产生同样的效果，事实上，如果将一个场景中创建出来的轻微漏光直接应用到其他场景，你可能会注意到这样的效果不一定好，因为针对当前画面所做的"漏色"参数的调整与其他画面的颜色和对比度所产生的效果将有所不同。

玩具照相机的效果和画幅宽高比

　　要记住的一件事是，我们的照片模拟系统通常不会使用视频和电影所使用的 16：9 或 1.85：1 的宽高比。通常它们是 2：3 甚至 1：1（方形）的图像。如果你真的想模仿这种摄影风格，你可以裁切你的画面或接受黑边框，但在这一节的内容中，我先假设你要将这个风格的图像处理覆盖于全画面，所以如果你要裁切画面的话显然是"作弊的"。

制作轻微的"Diana 相机"风格

　　首先，我们来看看网上两个相当简单的"玩具相机"风格（搜索戴娜相机的摄影作品，你会发现大量的参考图片都带有各种各样的暗角和漏光）。我发现，一般来说，创建生动的漏光效果的最佳方法是使用多个重叠的形状，添加的形状遮罩越多，调色时间越长，漏光的制作就会越自然。

　　作为起始风格，我们用 Offset（偏移）将整个画面推向橙黄色，为图像提供一些巧克力色调，从而为图像创建一种令人愉悦的复古色调。同时，在亮度曲线中添加轻微的 S 曲线，稍微提高对比度并提高 20% 的饱和度，创建一个有趣的、温暖的、丰富多彩的画面（图 16.2）。

图 16.2　先给画面应用一个复古的色调

　　这是我们图像的基础。现在，在调色上添加一个节点或层，我们即将创建漏光效果。对于这个画面，我们假设光线是从背部相机盖的顶部和底部泄漏的，因此我们可以使用自定义形状遮罩（自定义形状可以制作微妙的色彩变化）或矩形（方便你制作直接的漏光效果）隔离画面的顶部和底部，遮罩边缘的羽化窄一些，制作第一次漏光。完成操作后，我们现在可以用 Offset 将图像的这两片区域推向红橙色。使用 Offset 能将色彩添加到画面中最暗的区域并让颜色冲刷整个区域，这是我们想要达到的效果（图 16.3）。

图 16.3 沿着画面的顶部和底部添加了轻微的红色漏光

下一步添加另一个节点或层，并用另一个羽化后的自定义形状遮罩或椭圆来隔离图像的角落和边缘。这里使用自定义形状遮罩会更理想,因为调色师可以"雕刻"漏光的形状,制作更生动、随机的风格。如果需要大量的时间来制作"看起来随机"的自定义形状，请不要担心，因为这是整个调整过程的一部分。当形状遮罩看起来合适之后，使用 Offset 来添加另一个色调，这次是用绿青色。添加了色调后，你要根据具体情况来重新调整形状，让它看起来更有"随机感"。理想情况下，如果你想更容易地凸显漏光的变化，那么画面的每个角落要处理成不相同的颜色（图 16.4）。

图 16.4 一些重叠的漏光效果，上下和左右两边相互作用

　　现在你获得了一个很好看的漏光画面，止步于此也能达到基本的要求，但如果你想画面有进一步提升，还有更多的挑战可以完成。假设，你要模拟由于镜片组的瑕疵而导致光线在相机内部产生大量的眩光，你可以在第 3 个节点（或图层）添加另一个自定义形状，遮罩的一边是带有锋利边缘的锯齿状 W，遮罩另一边是羽化过的柔和过渡，然后我们稍稍提高 Offest，并将 Offest 的色彩平衡稍微往黄绿色推。通过图像中间的这种轻微的色彩，你现在做出了 3 种颜色的漏光效果，它们相互之间以有趣的方式重叠。最后到整个处理的尾声，可以添加一个节点或层，在画面中心放置一个遮罩并羽化，调整其大小让遮罩匹配画面的高度，并添加一些柔和的模糊效果来模拟"劣质的"塑料镜头的感觉（图 16.5）。

图 16.5　为了更好的模拟效果，再制作一个重叠的"缺陷"范围

　　在创建多重漏光之后，现在是重新调整之前创建的各种形状遮罩的好时机，这是为了确保画面的整体效果看起来是随意和自然的，让颜色在图像合理的区域内"喷洒"，而且（相对来说）能保护画面主体不会被漏光重叠或覆盖，这也是客户所希望的。当你构建这些类型的漏光调整时，请记住可以好好利用不对称性来处理遮罩。

　　上述的第 2 个示例其实是以不同的手法做了同类型的设置。这种调色方法也使用了 3 个重叠的校正（节点或层），但是这次遮罩的重新绘制，导致了红色的不规则漏光，漏光主要来自左上和右下，并且蓝绿色暗角的漏光在图像中羽化得更多。第 3 个重叠的校正相当于一个变暗的暗角，位于图像的 4 个角落，不规则的遮罩羽化与蓝绿色的漏色混合，这些角落混合变暗后增添了另一个元素（图 16.6）。

图 16.6 调整前（左图），以及调整后（右图）被赋予 Diana 相机风格的画面

贴士 在这个例子的最后这步操作中，画中的这一块形状遮罩放在哪里其实并无大碍，这样你（或观众）就能看到一个清晰的边界，从而强调这个漏光条纹的存在（前提是假设客户不介意这个变色处理会影响画面中的人脸）。

然而，当你制作这样的风格时，请记住，你添加的所有光晕是建立在一级校色之上的，这个一级校色为整体风格设定了基调。用各种重叠的漏光层来混合和匹配不同的基准色调，可以创造无数的风格。

用关键帧制作漏光效果

其实，当你第一次创建这类调色效果时，你有可能意识到漏光是静态的。根据场景的具体情况和你所做的工作，这种静态处理的效果可能会很好。但是，如果你想再为画面增加一点活力，你可以参考以下两点。

- 在每个漏光的颜色变化和曝光增强的位置制作关键帧。
- 在每个漏光的形状遮罩的变化位置制作关键帧，使其随着时间的推移伸展或收缩。

在这两种关键帧处理的手法中，漏光遮罩的关键帧有点棘手，可能需要更多的工作。我的建议是要缓慢地、交替地改变漏光遮罩的形态。除非你有一套能快速创建随机的、程序化的关键帧动画的方法，否则创建真正随机的关键帧运动可能很难做到，一定会很耗费时间。作为参考，你可以看一些时间稍长的漏光素材，以了解观众喜欢的漏光类型。

制作强烈的"Holga 相机"风格

在开始构建 Holga 风格之前，请使用第五章中所描述的其中一种手法：先创建一个带有整体色调的基本图像（图 16.7），牢记你想呈现的肤色是什么、要添加多少反差以及考虑最终画面的饱和度。鉴于这些塑料照相机及其胶片冲洗的化学方法各式各样，你真的可以创造出任何你喜欢的效果，虽然我看到的大多数图像的中间调都倾向于黄橙色或红橙色的中性的高光，但这并不会限制你。

图 16.7　在做过正片负冲的图像上应用 Holga 风格

接下来，建立一组带 2 层或 3 层的手绘遮罩，一个形状叠在另一个形状之上。调整每一个形状中的颜色来创建额外的色彩层，就好像不规则的漏光洒在负片上一样。图 16.8 用了 3 层，第 1 层（最左边）在画面左下角添加一些红色的漏光，第 2 层（中间的，实际上是两个自定义遮罩的交汇区）用于制作蓝色的光晕，而第 3 层（右边）在蓝色光晕的中心创建一个黄白色过曝的阶梯形状。

如果你想让画面效果更多变，可以利用曲线在每个"渗色"层中进行非线性的色彩调整；在这个例子中，用曲线在高光中添加更多的红色（不影响阴影部分），并在同一区域减去蓝色。

图 16.8 在基本图像上叠加第 1 层，然后应用第 2 层，再叠加第 3 层（顺序从上至下）

理想情况下，通过这种方式设置这些图层，可以很方便地用 Screen 或 Overlay 合成模式将这些层的效果与原始图像相混合。在图 16.9 中，达芬奇 Resolve 中的 Layer Mixer 将漏光层（节点 2 和节点 3）与基本层（节点 1）混合叠加在一起。

其他调色系统（如 Baselight）允许你用层的方式来添加形状遮罩，每一层之间都可以使用混合模式来与基准调色层做融合。

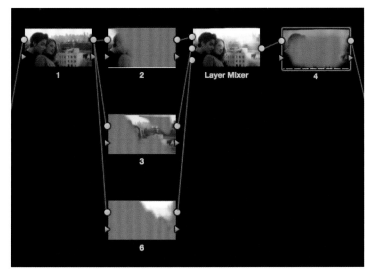

图 16.9　使用达芬奇 Resolve 的图层混合器将各个漏光层组合在一起

　　使用哪种混合模式最有效？这取决于你所要创建的漏光风格的强度。根据我的经验，以下两种模式对漏光效果的处理比较明显。

- Screen 模式：为漏色层和基准调色层之间的融合提供温和的色彩交互处理，而且能对图像高光和暗部的染色提供均匀的处理。

- Overlay 模式：能很好地对高光染色并保护暗部细节，防止出现像用 Screen 或 Add 时会导致的暗部阴影被冲掉的情况。

　　注意　*如果你的调色系统不支持合成模式，你可以细致地调整 Lift、Gamma、Gain 或 Offset 来实现类似的效果。然而，使用合成模式可以帮你更快捷地获得调整结果，而且层与层之间的合成会产生更意想不到的相互作用。*

　　在调整的最后，沿着图像的边缘周围绘制一个不规则的遮罩并不规则地羽化遮罩的过渡，然后将该区域的亮度降低（图 16.10）。在添加漏光层后进行压暗边缘这步操作，可以确保如果你在后面再增加漏光层，前面的漏光效果不会被抵消。

图 16.10　调整前的画面（左图）和应用了 Holga 风格之后的结果（右图）

　　这种调色概念有很多方法可以变化使用，要与给定场景的内容交互，你可以用多几层或者少几层的形状遮罩，以创建多种多样的风格（图 16.11）。

图 16.11　应用了不同漏光效果的 3 个示例

　　请记住，在调色软件中如果有之前保存好的这个风格的调色版本，都需要大量的自定义调整来处理每个场景的颜色和对比度范围。因此，虽然调色软件不一样，但是制作的思路是相同的：多个重叠的、不规则形状遮罩在遮罩中染色，再在画面边缘加上不规则的暗角。

用素材库和合成模式来添加漏光

　　另一种更快捷的方式就是将漏光素材添加到项目中并使用合成模式（图 16.12）。这与之前添加胶片颗粒或纹理素材的方法相同。当你使用这个方法，意味着你需要导入运动的漏光素材，因此，当你的项目需要快速移动的动态漏光效果时，这是一种更容易使用的方法。

图 16.12   来自 Warren Eagles 和 FXPHD Scratch FX 的 Film_crazes 漏光素材（左图），
以及合成在画面上的结果（右图）

然而，对漏光效果做关键帧动画可能会分散观众的注意力，一些细微的变化就可能被吸引过去。你可能会发现在时间轴上叠加漏光层这个方法的效果是最好的，因为你可以精确地调整它们，使它们淡入淡出，也可以将它们放在你所需的位置和最适当的时间点（转场、关键时刻）。以下示例使用 Autodesk Smoke，用 Fogging_3 素材片段（由 Warren Eagles 的 Scratch Effects 提供）的两个素材叠加在电影预告片的剪辑点上，并使用 Max/Lighten（最大 / 亮化）模式合成，使用 Axis 效果在剪辑点处调节转场过渡，调整素材的淡入淡出（图 16.13）。

图 16.13   在 Smoke 软件中，漏光素材叠加在时间轴上

结果是两个剪辑点上加入了 fogging 的漏光效果，为剪辑添加了额外的视觉动态（图 16.14）。

当你导入这些素材库时，不要害怕对它们调色和改变，这是为了让素材能更好地适应你的（实拍）素材。漏光层在 100% 不透明度下可能没有它在 50% 不透明度下的混合效果好。

图 16.14 合成后的漏光，在转场时使用

漏光素材库

很多公司在销售胶片颗粒的素材时也会销售漏光素材。在撰写本书时，Creative Dojo 提供了免费的漏光素材包，你可以下载来实验这个手法。此外，motionvfx 也有 2K 的漏光素材集。

第十七章

监视器和屏幕发光

当观众坐在电脑显示器或电视附近时，通常来说，显示器作为发光体会对物体投射出柔和的冷光。

电脑显示器或电视所发出的特定的蓝色光是相对于大多数家庭中经常使用的钨丝灯而言的，这类设备在这种环境下产生相对来说较冷色温的蓝光。电脑显示器通常设置为 6500K，而电视可能设置为 7100K 甚至 9300K（在亚洲）[①]。根据光源色温的相对范围，钨丝家用照明约为 2800K，钨灯照明约为 3200K。在混合光源的环境中，通常电视机会显得比较蓝。

图 17.1 就是本书作者被数字设备的光照亮了的图像。相对于场景中其余部分的灯光，柔和的高光就定义了图像光谱中冷蓝色的部分。

图 17.1　作者在罕见的休息时刻享受着最新款的数码产品，沐浴在显示屏柔和的光线中

当两个演员站在显示屏前面时，拍摄现场的打光并不总能兼顾这种类型的发光效果。有可能会用其他灯光工具来强化来自显示屏的实际光线。或者也可以在显示器上设置跟踪点，在后

---

① 认为亚洲电视会设置到 9300K 色温是一个过时的观念。——译者注

期合成时完全用视频替换掉，这样的话显示器根本不需要打开。

根据项目的属性，你会发现你所要模拟的这种发光，就是要做到让观众相信演员是坐在一台能正常工作、本身就在真实发光的显示屏前面。

制造屏幕发光

请记住，数字或模拟显示器的发光通常在环境光线亮度较低时才会凸显。因此，当你创建这种效果时可能需要将一级校色的整体亮度降低。

用 Gain 来为高光加点蓝色，这看起来可能像是一个简单的解决方案，但结果可能会让整个画面增加更多的蓝光，这估计不是你想要的结果。来自电视或显示器的光线相对来说比较柔和，从光源越往外衰减越快。为了模拟这种光质，你只需要在靠近显示屏最明亮的高光位置加一点颜色，可以用 Tolerance 工具调整亮度键，以获得从高光到中间调柔和、平滑的过渡蒙版（图 17.2）。

图 17.2　使用亮度限定工具选出最亮的高光区（结合 Soft falloff（柔化）① 和 Tolerance），以便给电视加一个冷光

---

① Soft falloff（柔化）是达芬奇 Resolve10 限定器中的蒙版控制工具，本书出版时的达芬奇版本是 16，对应的工具是 Low（低区）、High（高区）和 Low Soft（高区柔化）。——译者注

　　加多少蓝色或白色的光取决于画面的需要，它们与你的图像风格息息相关，你也可以根据目标风格来调整和模拟蓝白色光的（面积）大小和强度。

　　其实图 17.2 的示例相对来说操作简单，因为在前期拍摄时（经过设计），屏幕的发光直接来自于电视本身，所以在后期用亮度限定器就能很快分离。如果前期现场拍摄的灯光不太理想，你可能需要用 Shape 窗口或 Power Window 结合二级调色的亮度限定器来创建类似的效果。

第十八章

单色风格

彩色电视！哼，我才不会相信它，除非我看到它是黑白的。

——塞缪尔·戈德温（Samuel Goldwyn，1879—1974）[①]

尽管你接触到的几乎所有视频素材都是全彩色拍摄的（除了 RED 公司的单色摄影机），但你也有可能需要剥离素材的色彩，以创建更多胶片感、艺术感或时尚大片的单色或灰度效果。

简单地降饱和度

你可以通过将饱和度参数设置为 0，快速而简单地创建单色图像，留下只由亮度通道组成的图像。图像去饱和后，你可以使用曲线和 Lift、Gamma、Gain 控件调整单色图像的对比度以创建各种风格。

虽然这些对比度调整提供了各种功能，但它们并不允许你太过随意地改变图像特定方面的亮度。这是因为视频图像的亮度通道通常以单一方式来计算：将 0.2126 的红色通道、0.7152 的绿色通道和 0.0722 的蓝色通道相加。一个普通的去饱和图像，是由一些红色、大量的绿色和一点点蓝色通道组成的。

这些比例是视频工程组织采用的标准，用电子方式模拟人眼如何感知场景的亮度。这些比例也是亮度和色度编码的视频标准，如果你希望在创作单色风格时更具创意，就需要更改红色、绿色和蓝色通道的比例创建自定义单色通道混合比例，以达到艺术目的。

[①] 塞缪尔·戈德温（Samuel Goldwyn），波兰犹太裔美国电影制片人。他由于在好莱坞创立了多个电影工作室而广为人知。他获得的奖项有：1973 年塞西尔·德米尔金球奖、1947 年欧文·G·托尔伯格纪念奖和 1958 年的吉恩 - 赫肖尔特人道主义奖。——译者注

标清图像的亮度计算是不同的

值得注意的是，标准清晰度视频（标清）用不同的数学方式来提取亮度通道：0.299 的红色通道、0.587 的绿色通道和 0.114 的蓝色通道相加。

处理黑白摄影

通过使用不同类型的胶片和不同颜色的滤镜（或滤片），在胶片曝光时有效地排除特定的光波频率（光的波长），通过改变场景中的色彩比例来控制特定主体（和整体）的对比度和亮度。摄影师以这些方式制作黑白图像已经有很多年了。

黑白胶片有 4 种类型。

- 正色性胶片（orthochromatic film stock）[①] 在无声电影的早期使用，仅对从蓝色到绿色的波长敏感。这些胶片使蓝色物体看起来更亮，红色物体（如肤色）显得较暗，如图 18.1 所示。

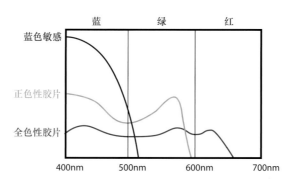

图 18.1　图表显示了正色性胶片和全色性胶片的敏感度。数据来源：
"Basic Sensitometry and Characteristics of Film"，伊士曼柯达

---

① 正色性胶片也称为正色片，正色片又称"分色片"。分色片对可见光中的红、橙色光不起敏感反应，而对黄、绿、青、蓝、紫色光均能起敏感反应。分色片在现代摄影中主要用于印刷制版、黑白图表的翻拍、暗房特技的拷贝等方面，在通常的拍摄中基本上已不采用。国产常用分色片有公元 OA、OB、OC 及 SO。色盲片只对可见光中的紫、蓝色光起敏感反应，对红、橙、黄、绿色光均不起敏感反应，俗称对这些光线"不感光"。这意味着这些颜色的景物均再现成黑色了。所以色盲片不用于通常的拍摄，只用于翻拍黑白文字、黑白线图以及用于拷贝黑白幻灯片。因此色盲片又称"翻拍片""拷贝片"。注意彩色件的翻拍需用全色片而不能用色盲片。——译者注

注意 Wratten 44 青色滤色片可以呈现黑白全色性胶片的正色性。

- 全色性胶片（panchromatic film stock）[①]对可见光谱的波长同样敏感，包括红色、绿色和蓝色光。

- 正全色性胶片对所有可见波长敏感，对红色的敏感度较低（产生较暗的肤色）。

- 超级全色胶片（superpanchromatic film stock）对所有可见波长敏感，对红色的敏感度较高（产生较浅的肤色）。

这意味着对于相同的图像，用不同敏感度的胶卷拍摄将具有不同的表现。

当使用黑白胶片拍摄时，图片摄影师或电影摄影师都会使用光学滤镜，以强调一些颜色同时减少其他颜色，以及在有效地提亮某些主体的同时使其他元素变暗。

斯坦·沙利克（Stan Sholik）[②]和罗恩·艾格斯（Ron Eggers）[③]的《摄影师的滤镜手册（*Photographer's Filters Handbook*)》（Amherst Media，2002）列出了对黑白摄影有用的滤镜以及它们具有的效果。以下是对你工作有用的摘要。还有关于这些有用信息的图表，源自伊斯曼柯达（Eastman Kodak）、天芬（Tiffen）和雷登（Wratten）（后两家公司是摄影滤镜制造商）。

- 黄色（Wratten 8）：使天空变暗，通过减少蓝色空气光和其他蓝光的散射来减少烟雾。

[①] 全色性胶片（panchromatic film stock）也称为全色片，全色片对所有可见光的敏感性与人眼对它们的敏感性大致相同，也是普通摄影最常使用的黑白胶片，在商店里出售的基本上都是全色片。全色片一般简称为"PAN"片，多数胶片包装上均有标示。全色片是黑白片的一种，它表示该黑白片的感光范围是全色谱光的胶片。它可以感光我们所看见的所有可见光，从红光到蓝光：赤橙黄绿青蓝紫，在胶片的呈现上表现为黑白和多级灰色。黑白片除全色片外，还有许多专门用途的胶片，如红外线胶片、X 光胶片等，这些胶片只感光色谱中的一部分光线。全色片是对可视光谱中的三原色光（蓝、绿、红）全都具有感光反应的软片，其实际有效感光范围约由紫外线开始到红色光为止（约 350nm ～ 700nm）。使用全色片摄影时，为了让它仅对可视光谱的三原色光感光，在镜头前套上一块 UV39 或 SL39 滤色镜可以吸收并消除紫外线有害色光。全色片为一般摄影最常用的软片，黑白全色片的外包装上标有 MONOCHROME 字样，彩色负片全色片则标有 COLOR CHROME 字样，而彩色正片全色片一般则以软片厂牌英文名称加上 CHROME 字样标识。——译者注

[②] 斯坦·沙利克（Stan Sholik），美国经验丰富的商业和广告静物摄影师。他在 *View Camera*、*Shutterbug*、*Professional Photographer*、*Rangefinder* 和其他杂志上撰写了有关常规成像和数字成像主题的大量文章。Amherst Media，Inc. 出版了他 6 种摄影相关的图书。——译者注

[③] 罗恩·艾格斯（Ron Eggers），美国经验丰富的商业和广告静物摄影师。与斯坦·沙利克共同出版了 5 种摄影相关的图书。——译者注

- 黄绿色（Wratten 13）：使天空变暗，提亮绿色植物，提亮肤色使肤色均衡。

- 深黄色（Wratten 15）：使天空和水变暗。

- 橙色，浅红色（Wratten 21，Wratten 23a）：大幅度变暗天空，提亮肤色。

- 淡红色（Wratten 23A）：大幅度变暗天空和水；不适合肤色，嘴唇颜色和肤色会融合在一起。

- 洋红色（Wratten 33）：使绿植变暗，提亮天空。

- 青色（Wratten 44a）：提亮水、天空和绿植；能使日落和肤色变暗。

- 深蓝色（Wratten 47）：通过增强蓝色空气光来增加雾度；提亮水，使绿色植物变暗，使肤色变暗。

- 深绿色（Wratten 58）：使天空变暗，大幅度提亮绿色植物，呈现深色和结实的皮肤色调。

- 红 - 绿色（Wratten 23+Wratten 58）：会导致轻微的曝光不足，有助于创建黑白片情况下日拍夜的效果。

将这些过滤手法用于数字拍摄时，请记住，所有这些滤镜都是让某些色彩通过，并阻止其他色彩通过。当进行色彩通道调整以模拟这些效果时，遵循一个很好的经验法则：滤镜的最终效果是提亮图像中对应于滤镜颜色的色调，并且使画面中不对应（滤镜颜色）的色调变暗。

使用通道或 RGB 混合器来自定义单色

通过一些（简单的）操作你就可以创建与这些胶片和滤镜效果一样的单色风格，或者你可以创建自定义的色彩通道组合，从而在这个过程中增强肤色、强化场景特征、加强高光和暗部细节。

许多调色系统都具有某种机制，用于将不同比例的颜色通道混合在一起，以创建单色图像，类似于 Adobe Photoshop 通道混合器。达芬奇 Resolve 有一个 RGB 混合器（图 18.2），可以将其设置为单色模式（monochrome mode），以创建自定义的红色、绿色和蓝色通道的混合，调整灰度结果。

图 18.2 达芬奇 Resolve 中的 RGB 混合器

在这个软件界面中，通道或 RGB 混合器通过分割图像的各个红色、绿色和蓝色分量，然后将它们添加在一起作为单个通道来工作。这和在时间轴上叠加 3 个调色层，并使用 Add 合成模式将它们组合成图像的处理过程相同。

当使用通道或 RGB 混合器创建自定义灰度效果时，能立刻察觉出图像的 3 个颜色通道的状态，图像的特定区域在每个颜色通道中具有完全不同的亮度水平（图 18.3）。

图 18.3 从左到右分别是红色、绿色和蓝色通道

例如，红色通道呈现了最亮和最平滑的肤色，而绿色通道显现了最暗的口红。另外，蓝色通道具有最大的对比度和最暗的肤色。

根据这一点，你可以考虑如何创建颜色通道的自定义混合，专用于特定的图像，以获得最有效的、符合调色目的黑白效果。

分离（而不是混合）色彩通道

如果你的调色系统缺少通道混合器这个工具，那么可以将每个颜色通道分离到单独的节点、图层或图像流中，根据不同的软件机制来实现相同的结果。一旦分离，你可以分别对每个通道进行调色，可以提高或降低通道的强度。当你使用这种方法时，关键是使用转换或合成模式将通道组合回去。你不是将它们重新组合成独立的色彩分量，而是用相加操作（add operation）将它们真正地组合起来。

利用层操作来制作自定义单色

如果你正在使用基于层的调色系统，实现自定义单色（通道混合）的另一种方法是先对图像进行调色，然后对结果进行去饱和。根据你的调整目标，在第 1 个校正中，使用 Gain 色彩平衡控件对图像进行着色（任意颜色）以获得最好的色彩通道组合。

然后使用第 2 层，对第 1 层的调色结果去饱和。由于你对重新混合的色彩通道进行去饱和，因此你可以通过更改第 1 层中的色调来改变图像中不同元素的亮度。

这个方法并不能像使用真正的通道混合器那样操作，而且它的工作原理在很大程度上取决于调色系统所使用的图像算法，但这个方法对于单色效果的自定义很有用。

不同的自定义单色效果

现在，你已经知道如何从图像中提取单个色彩通道、选择用哪些颜色通道来创建自己的单色图像，并将其混合在一起以创建最佳组合。请记住，即使你的目的是创建单色风格，你仍然需要对图像进行一级校色，为场景设置适当的对比度和颜色。由于这种单色手法是从彩色通道中获取的，因此如果在开始的（第 1 步）操作中把图像调得越好，那么第 2 步操作中的单色图像看起来也将越好。

例如，如果你要模拟正色性胶片，你可以将红色通道设置为 0，然后将绿色和蓝色通道分别设置为 50%。从技术上，根据柯达的敏感度图表，你可以将蓝色通道设置得更强一些（请在网上搜索柯达公司的技术文档"basic sensitometry and characteristics of film"（图 18.4）。

图 18.4　从左到右：仅有亮度通道、全色性胶片模拟、正色性胶片模拟

然后可以通过将红色、绿色和蓝色通道分别设置为 33% 来模拟全色性胶片，使每个通道对所得的单色图像贡献相等。再有，如果你想更具技术性，对于日光场景，蓝色通道应该比绿色和红色通道要多一点。对于用钨丝灯照明的室内场景，根据柯达公布的敏感度图表，蓝色通道应更强，红色通道应比绿色通道弱。

黑白肖像摄影师常用的滤镜是黄绿色的 Wratten 13 滤镜，你可以通过降低蓝色通道的同时强调红色和绿色通道来进行模拟。这能让主体呈现出浅色肤色，获得令人满意的影调（图 18.5）。

图 18.5　即使肤色很亮，但皮肤细节全部都在。这只是相对于蓝色添加了更多红色和绿色的结果

如果你使用（通道混合的方法）增加图像中的红色这种手法来提亮肤色，请注意不要去除嘴唇（的颜色）。典型的化妆方法会强调深一点的唇色，所以你可能会发现在调整过程中你会混合更多绿色来做到这一点（混合额外的绿色会使嘴唇变黑）。

如果有一个角色需要粗糙的肤色，通过增加绿色通道、稍微调整蓝色通道来模拟深绿的 Wratten 58 滤镜，就可以得到黝黑的肤色，像老西部片一样（图 18.6）。

图 18.6　相对于红色和蓝色通道，混合更多的绿色会使肤色更暗

这没有绝对"正确"的比例，每个通道混合多少是喜好问题，很大程度上取决于画面主体。例如，有一个我很喜欢的风格，尽管现在很难找到合适的机会来使用它，这个风格就是将红色和绿色通道保留在默认的 SMPTE 亮度设置，然后提升蓝色通道，直到肤色变黑，像我年轻时看见的老式日光浴广告一样。这个效果只对没有过多噪点的蓝色通道的图像有效，但它在能用的时候会很酷（图 18.7）。

图 18.7　添加更多的蓝色、少些的绿色，逐渐减少红色，会得到最黑的、青铜色的皮肤色调

这是我最后要指出的一点。根据手上的场景，通过数字调色能轻松地混合和匹配不同比例的颜色通道。此外，如果只需选择一个色彩通道来调整就可以让图像看起来很完美的话，也是没有问题的。

通道混合的可"折腾"空间很大。完成通道混合之后，你可能会做最后一步对比度调整，使用曲线或对比度控件来优化整个图像。如果想更细致地处理图像的特定区间，你可以用HSL 亮度限定控件来隔离图像的影调范围进行特定调整。或者回到图像之前带颜色的状态下做一个色度键来隔离选区。又或者，可以回到之前（做过颜色倾向）的一级校色，在将其转换为灰度之前调整各个颜色通道的对比度。这些组合只会被你的想象力所限制。

注意蓝色通道

有些录制压缩格式的摄影机会在蓝色通道产生异常的噪点。如果你正在调色的镜头是这种情况，在单色混合时加入数量不相称的蓝色通道可能会增加比想象中更多的噪点，这时需要某种降噪来改善结果（图 18.8）。

图 18.8 蓝色通道的噪点过大

第十九章

锐化

锐化（sharpening），正如 Blur 一样，是卷积滤波操作（convolution filtering operation）。在几乎每个剪辑、合成和调色软件中都会有这个功能，锐化通过增加相邻像素的特定组合的对比度发挥作用，从而夸大镜头中的细节。锐化实际上并没有添加新的信息，它只是让信息更容易辨别。

有效地使用锐化可以增加画面主体的清晰度，为图像增加粗糙的质感从而突出画面的冲击力，或者处理焦点软的问题。然而，并不是所有锐化工具的作用效果都是相等的，而且在最坏的情况下，锐化可能会夸大噪点，导致边缘闪烁和不需要的高频摩尔纹，并带出原本需要隐藏的压缩伪影。因此，当你使用锐化时，请你保持使用"鹰眼"来检查图像的质量。

这里需要记住：锐化本质上是对整个图像进行高度局部化的对比度操作。像对比度一样，锐化的值在调色的过程中越来越容易增大，你可能会认为它看起来越来越好。然而，我建议你在作出最终决定之前要注意，被锐化的片段通常在静止时看起来比它们在运动中更好[①]。

另外，如果你在客户很在意的某个特定镜头上加了很多锐化，但你又不确定这个锐化效果是否过头了，那么你可以尝试先跳过这个镜头，过一段时间之后再次回到该镜头进行检查。你和客户再次看到这个画面时的第一印象，可能比它真实的样子更精确。

使用锐化来增加质感

一种方法是通过增强图像细节，如强化脸部的毛孔、雀斑、络腮胡子和头发来增加场景的锐度。从整个图像而言，锐化将会强化颗粒和噪点以及细微的纹理，比如锈迹、砾石、树叶等高对比度的画面细节。

---

① 本书作者建议播放观看和检查被锐化的画面，而不是看静帧。——译者注

在下面的例子中，锐化整体图像会强调人脸的质感、图像右侧的菱形光栅以及监狱前景条纹上不规则的涂层（图 19.1）。

图 19.1　锐化强化了脸部和背影中的纹理细节

调整结果是场景风格更硬朗，这可能使演员看起来不那么高兴，但却能更好地展现人物的心态，这样，我们可以在完成初级调色的同时，不去调整颜色或对比度。

这种夸张纹理手法的另一个用途是将特定物体（人物或物品）进行隔离，而不影响画面的其余部分。在图 19.2 的例子中，我们想对左边女演员坐的橙色椅子进行处理，让沙发淡化，呈现沙发陈旧的质地。由于实际的沙发质感是相当不错的，因此我们用锐化来强调它的缺点；但是，我们不想强调现场两名女演员，所以我们要选择性地调整。

图 19.2　只对橙色椅子使用锐化和 HSL 限定器来降饱和，给椅子赋予粗糙、陈旧的质感，而不影响场景的其他部分

　　我们用 HSL 限定器仔细地分离橙色椅子，对它降饱和并同时添加锐化。调整结果就是我们想要的。这一手法也可以用于强调服装元素的质感、风景的细节和道具的各种纹理细节。

用锐化来修复软焦点

　　锐化的另一个常见用法（虽然不能保证结果）是作为软焦点的补救措施。在高分辨率和数字摄影时代，我发现软焦的问题较多出现在低预算（和时间限制）的项目中。通常在后期制作时，客户会惊讶于这些软焦的问题，由于在前期拍摄现场通常使用 24 英寸（常用最大尺寸）[①]的监视器，所以软焦的问题在前期几乎不可能发现，要拿到画面之后才能发现这些问题。

　　当我在投影仪上播放客户的影片时，画面上的焦点问题就被凸显出来了，这时客户的下一个问题就是"你有什么办法处理吗？"

　　诚实的答案是：没有。我没有任何数学方法能把焦平面拉回到实际的焦点上。但如果你幸运的话，添加一点锐化可以提供足够的焦点幻觉，让本来会分散观众注意力的软焦转变成观众忽略软焦这个问题。

　　这个问题是否可以得到解决的主要决定因素是焦软的严重程度。在以下示例中，焦点只是略微偏离。对比看这两张打印出来的纸质图片，这个问题看起来不一定很糟糕，但是在大屏幕上，图 19.3 中的图像显得比较软。在这种情况下，添加一点锐化就可以让便签的内容更容易被观众看清。如果我们真的想调动观众的视觉中心点，那么我们也可以使用一个形状或 Power Window 来按区域进行锐化。

图 19.3　对整体图像应用锐化，以最大限度地减少软焦点的不良影响

[①]　国内常用的现场监视器更小，只有 17 英寸，有些甚至不是像素点对点的型号。——译者注

再看图 19.4 中的另一个关于男演员的特写，其焦点明显是软的。然而这个问题在书本上看起来并不明显，但是在大屏幕上，你会明显感觉到软焦这个问题，你的眼睛很难去处理这幅图像，这不是你想带给观众的视觉体验。然而在这种情况下，这个镜头自带景深，我们不想削弱整个画面的景深，因为这可能会在不必要的地方造成纹理。

如前所述，有一个问题是锐化会夸大噪点和颗粒。因此，在整幅图像甚至整个人脸上增加太多的锐化可能会导致分散视觉注意力的噪点增加，这是不理想的效果。

为了解决这些潜在问题，我们将运用电影摄影师多年来一直坚持的至理名言，始终把镜头的重点集中在主体的眼睛上。即使脸的其他部分只是焦点不足，但眼睛应该是锋利的。所以，我们用带羽化的椭圆形或 Power Window 隔离眼睛周围的区域并增加锐化。

图 19.4　使用椭圆形或 Power Window，只对演员的眼睛添加锐化，
最小化噪点并保留场景中其他地方依然是软焦（在焦外）

在图 19.4 的例子中，演员的鼻梁也被锐化，而真正的光学对焦会聚焦于眼睛和眼皮，但是因为鼻子在焦平面之后，所以会变得更柔软一些。然而，你可以放弃当前对这个镜头的锐化操作，因为我们更大的目标是给观众传达舒服的焦点，使他们关注人物的脸。

另一种方法是使用亮度限定控件来选取图像中最黑的部分，包括眼睑和瞳孔、眉毛、头发、胡须和面部阴影。完成选取操作后，你可以对这个区域内这些明显的细节进行锐化（图 19.5）。

图 19.5　使用亮度限定控件，只对图像的暗部细节添加锐化。结果能为整个图像增加锐利感

使用这种方法的结果是：我们失去了一些脸部的浅景深，但是我们能从整个图像中获得更多的细节，只要画面看起来自然，这种方法就更可取。

对整个画面进行锐化、用遮罩进行锐化或者键控后进行锐化，采取这几种方式中的哪一种完全取决于图像；没有一种方法可以适用于每种情况。需要记住的是，你要在焦点软和引入明显的人造锐化边缘这两种情况之间进行权衡。此外，如果在隔离了的区域中做了锐化，你需要确保从图像的锐化区域到非锐化的区域之间的过渡是否自然。在调色系统中的锐化效果器，无论算法多么复杂，通常都会提供相对简单的锐化调整界面。某些软件会用单个参数调整锐化程度。还有一些软件的锐化效果器提供 unsharp mask（非锐化蒙版）功能，以及一两个可自定义效果的参数。

达芬奇 Resolve 中的锐化

在达芬奇 Resolve 中，可以在 Color（调色）页面的 Blur（模糊）选项卡中进行锐化。选择 Sharpen（锐化）按钮并降低 Radius（半径）参数，扩大要计算的像素范围以创建锐化效果（提高此参数就是创建模糊效果）。较小的半径会导致图像较广的区域被锐化，而较大的半径（最多 50）限制了锐化更细节的区域。

单独调整 Scaling 参数会增强或减弱特定半径的锐化效果。Scaling 的默认值为 25（100），这就是为什么降低 Radius 会导致锐化发生。对于特定的镜头，Scaling 参数为 25，降低 Radius 直到你认为图像细节锐化到可以接受的程度，这时的效果通常会不错。

你还可以关闭某个色彩通道，单独更改应用于每个颜色通道的锐化量。例如，你可能希望对某些数字摄影机的蓝色通道应用较少的锐化，因为蓝色通道通常比红色和绿色通道有更大噪点。

最后，还有一个 Horizontal/Vertical Ratio（水平 / 垂直比率）控件可以让你在两个维度上选择性地应用锐化，这通常会带来特殊效果。

锐化模式中的纹理特征

在达芬奇 Resolve 中，你可以通过明确选择 Blur 选项卡中的 Sharpen 来访问其他锐化功能。你也可以调整 Coring Softness（核心柔化）和 Level 两个参数（图 19.6）。

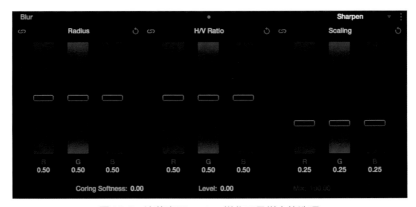

图 19.6　达芬奇 Resolve 锐化工具栏内的选项

Level 参数可以提高边缘细节将被锐化的阈值（图 19.7）。较低的 Level 值会锐化所有的边缘，而较高的 Level 值会从操作中省略更微妙的、对比度较低的边缘。Coring Softness 可以让你在图像的锐化和未锐化区域之间进行切换。

图 19.7　降低 Level 值会让图像受到更多锐化的影响，如顶部图所示。
提高 Level 值将忽略锐化操作中除最精确的边缘以外的所有边缘，如底部图所示

只锐化亮度通道

如果你所用的调色系统允许的话，你可以用另一种巧妙地锐化图像的策略：选择性地锐化亮度通道。与颜色相比，由于我们的眼睛对亮度更敏感，因此你可以锐化亮度以改善图像，但在某些情况下，不调整色彩通道会产生潜在的人造色块。

要在达芬奇 Resolve 中执行此操作，只需右键单击将要应用锐化的节点，然后选择 Colorspace（色彩空间）下拉菜单中的 YUV。然后，打开 Blur 控件，并关闭 Radius 滑块左上方的链接控件，方便你独立调整。当你执行此操作时，红色滑块对应于 Y（亮度）通道，而绿色和蓝色滑块对应于 U（C_B）和 V（C_R）通道。

在 Assimilate Scratch 中的锐化

在 Assimilate Scratch 中，在你慢慢地将 Matrix 的 Numeric（数字）选项卡中的单个参数 DeFocus（柔化）的值调到负数的过程中，画面会越来越锐利（负数值越大，图像越锐利）。当这个参数为正数时，它是一个模糊调整。

在 FilmLight Baselight 中的锐化

在 Baselight 中，Sharpen 锐化操作有四组控件（在需要调整的镜头上先添加 strip（调色层））（图 19.8）。

● Sharpening Controls（锐化控制）控件中有：Gain（增益）——决定锐化的强度；Raius（半径）——决定锐化的宽度，即图像中每个阈值选择区周围所受的锐化影响范围有多宽；以及 Threshold（阈值）——决定边缘细节要锐化的区域，可以在这里设定锐化的程度，并设定以多大的值来锐化。而 Fringe Removal（边缘删除）允许你调节少量的模糊，以解决可能（由于锐化所）导致的图像失真。

图 19.8　FilmLight Baselight 中的 Sharpen 调整工具

- Shadow Controls（暗部调整）控件可以降低图像暗部的锐化程度。

- Noise Filter（噪声滤波器）是一种后锐化（post-sharpen）操作，可以让你消除那些受锐化操作影响的区域中所产生的夸张噪点。

- Channel Weights（通道强度）允许你控制当前的锐化调整作用于图像中每个色彩通道的强度。

锐化操作也可以像其他 strip 调色层一样受遮罩或限定器的限制。

在 Adobe SpeedGrade 中的锐化

Adobe SpeedGrade 的 Sharpen 操作可以通过 Look Layer 的弹出菜单进行访问。添加这个操作后它会显示单独的滑块，（默认情况下）用于锐化组成图像的红色、绿色、蓝色和 Alpha 通道（图 19.9）。

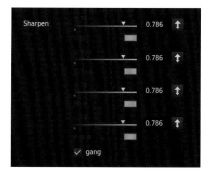

图 19.9　Adobe SpeedGrade 中的 Sharpen 控件

可以通过创建遮罩来限制 Sharpen 层对遮罩内或遮罩外的作用范围。

第二十章

着色与偏色

> 色彩是光的痛苦与快乐。

> ——约翰・沃夫冈・冯・歌德（1749—1832）[①]

调色师众多基础的调色风格之一就是着色（tint）或偏色（color wash），它们根据需要来酌量添加。着色和偏色之间的区别不大，两者都是由相同原因引起的：对图像色彩通道的不对称加强或减弱，使通道水平放在原始水平的上方或下方。在数字调色中，着色就是调色师故意造成的偏色。

色彩滤镜是如何工作的

在开始创造人工着色之前，让我们先思考一下我们需要模仿的原始光学现象。多年来，电影摄影师（以及视频摄影师）在拍摄时，一直使用光学滤镜来给图像增加颜色。在调色系统中，在成功地再创造出这些逼真的滤镜效果之前，首先要理解这些滤镜（无论是染色还是吸收型滤色镜）是如何影响画面的，这对我们的调色十分有帮助。

- **彩色滤镜**（chromatic filters）能增加或减少图像色温的滤镜。有了这些滤镜，既可以校正也可以创造出一天中不同时间的光感。

- **吸收型滤色镜**（absorptive filters）能增加图片中某一种颜色饱和度的滤镜。我们使用这种滤镜来增强某种色调，例如叶子的绿色和天空的蓝色。在将滤镜放置在镜头前面的时候，这类滤镜会阻止被选择波长的光线，允许其他波长的光线通过。其结果就是

[①] 约翰・沃夫冈・冯・歌德（Johann Wolfgang von Goethe），德国著名思想家、作家、科学家，他是魏玛古典主义最著名的代表。1774 年发表的《少年维特之烦恼》使他名声大噪。——译者注

堵塞对应波长的颜色通道，在拍摄的时候这就使画面整体产生了一个故意的偏色。

观看实际效果往往比描述更容易。图 20.1 显示了一张图像的 3 个版本。最上面的图像是在午后日光条件下拍摄的。尽管摄影机的白平衡被手动设置为日光，但整体画面仍然是偏暖的光感。

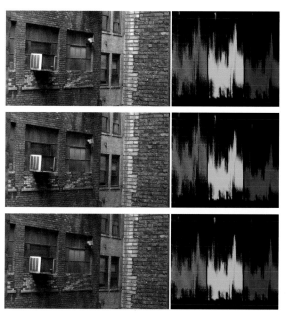

图 20.1　最上面的图像没有使用滤镜，在日光条件下拍摄。中间的图像被着色了，这是由于镜头前面放置了雷登 85C 滤镜。最下面的图像是使用雷登 80D 滤镜之后拍摄的

中间的图像在拍摄时设置了相同的白平衡，但镜头前放置了雷登 85C（Wratten 85C）滤镜，雷登 85C 是"暖色"片（低温片），因为它阻止蓝光并强调红光和绿光的混合色，从而提供橙色偏色，类似于由钨丝灯产生的低色温光。

注意　雷登滤镜是根据弗雷德里克·雷登（Frederick Wratten）命名的。他是英国发明家，并且开发了雷登光学滤镜的整个系列。他在 1912 年将他的公司出售给了伊士曼·柯达。

最下面的图像也设置了相同的白平衡，而且镜头前面放置了雷登 80D（Wratten 80D）滤镜。雷登 80D 滤镜强调蓝光，类似于较高的日光色温。偏蓝色的光线中和了图像中的暖色调，并

且使"白色"变得更白。

光学滤镜如何影响色彩

相比于改变色温来说，上面所提到的滤镜更大的用处在于光学过滤。例如，使用滤镜的时候，光的着色强度会非线性地应用在整个图像的影调范围内。这就意味着图像较亮部分更易受滤镜的影响，而图像较暗部分受其影响则较小。纯黑区域受滤镜影响最小。

使用分量示波器来比较未过滤和已过滤的图像色彩波形可以验证这一点。在图 20.2 中，一个标准的广播条形测试图被拍摄了两次，一次是将白平衡设置为中间档（即中性，左侧图），另一次是在镜头前面放置雷登 85 滤镜（右侧图）。每个测试图都是并排放置的，这样方便使用 RGB 分量示波器对其做同步分析。

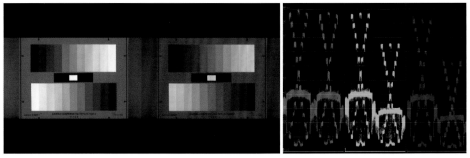

图 20.2　分别使用中性白平衡（左侧图）和雷登 85 滤镜（右侧图）拍摄同一幅标准的白平衡测试图

仔细查看波形图顶部的两条波形（即测试图表最亮的部分），你会注意到以下几点。

● 左侧图（未过滤）和右侧图（过滤）在蓝色通道上的两条波形偏离得特别多（由于蓝色通道被过滤得最多），大约相差 29%。

● 底部的两条波形几乎是一样多的，在蓝色通道的黑位位置，波形的最大差别大约是 4%。

● 虽然绿色通道也被大幅度过滤，但红色通道却几乎不变。

显然，滤镜对图像高光部分产生了强烈的影响，导致高光的色彩通道十分不平衡，但到中间调时滤镜的影响减弱了，对图像最暗的阴影部分几乎没有影响。

光学滤镜如何影响对比度

由于光学滤镜会阻挡光线，因此它们对图像的对比度也有影响，而影响的大小则取决于着色的突出程度和光学器件（滤镜）的质量。对于色彩来说，这种变暗也是非线性的，滤镜对白位的影响大于黑位。

检查波形监视器中的波形图（图 20.3，右图），你会看到两张图的白点相差大约 18%，中间点（用每个灰色条表示，对应那条横着的从左到右的波形）相差大约 13%，黑点只相差 3% ～ 4%。然而，我们可以通过增加曝光来弥补由此产生的影响。

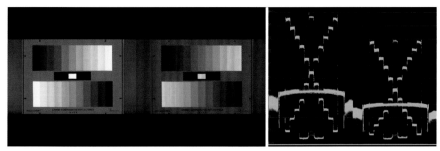

图 20.3　在波形监视器中比较未过滤和已过滤的灰度测试图。注意滤镜是如何减少曝光总量的

使用色纸给灯光着色

如果不在相机镜头前使用滤镜的话，你也可以通过直接在灯的前面放置色纸来间接地对被摄对象着色。因为图像只会被滤波工具照亮的那一部分所影响，所以这样做的结果是产生一个更为有限的偏色。对于镜头的滤镜说，使用色纸完成滤色是一个减法过程。在简单的照明条件下，所有的灯具都使用相同颜色的色纸滤波，产生均匀的色温。由此对现场产生的滤波效果类似于使用滤镜。

你可以通过使用不同的打光来模拟混合照明，从而令图像的不同区域产生不同的偏色。利用 HSL 选色来隔离图像中不同的色调区域，并对每个区域做单独的调整。

对胶片进行着色和调色

对于胶片保护主义者来说，数字的着色和调色与早期的调色方法（即利用物理手段在黑白胶片上添加颜色）意味着完全不同的东西。关于老胶片风格，本书第 23 章有所涉及。但是，现在我们已经了解了，这些术语源于特殊的胶片着色技术。《电影的胶片着色和胶片调色（*Tinting and Toning of Eastman Positive Motion Picture Film*）》（Eastman Kodak，1922）对这些术语做了非常具体的定义：

- 胶片调色（toning），被定义为"通过让一些有色化合物全部或部分取代胶片正片上的银粒图像，从而使这些由色片组成的图像的高光或清晰部分不被上色并且不受影响"。

- 胶片着色（tinting），被定义为"将胶片浸泡在有染料的溶液中，并使其对色片上色，使整个图像在屏幕上蒙上一层均匀的颜色"。

而数字调色师不再需要使用硫化银（为了产生棕褐色色调）来增强图像的黑色，也不再需要为了产生橙红色色调而使用铀亚铁氰化物了，也不需要将胶片浸泡在苯胺染料溶液中来给高光着色了。现在，这些处理已经可以通过使用图像数学处理和合成来实现了。

人工着色和偏色

当给图像着色时，问问自己想对图片做多大的改动，需要做成什么样的色调。当然，这里没有错误答案，只有画面效果是否合适以及是否符合客户期望。然而，以下这些问题可以帮助你理清哪种着色方法适用于当前的场景：

- **对整体图像快速偏色**：把 Offset 推向你想偏向的颜色。要注意这个操作会污染黑位和白位，但你可以看到偏向的颜色和图像的原始颜色混合在一起的效果。

- **在保留一些原始颜色的基础上创建极端的着色**：组合使用 Midtones 和 Highlights；或者，抓取该镜头已经被单色着色的一个颜色版本，或使用纯色块或带颜色的蒙版，使用 Hard Light 和 Add 进行合成叠加。

- **单色着色，替换图像中所有的原始颜色**：首先降低图像的饱和度，然后使用色彩平衡控件（类似于本书第 7 章中介绍的双色调调色手法）将颜色增加回来。用 Gain 将高光着色，用 Shadow 对暗部着色。注意，对暗部着色时有可能会使阴影变亮，因为色彩混合会通过某些颜色通道。

- **对某个影调范围的特定部分着色**：使用 HSL 限定器的亮度控件，将需要添加的影调区隔离出来，然后使用合适的色彩平衡控件增加所需要的颜色。或者使用 Log 调色模式（自定义高光和暗部的影调区域）和控件自定义 Lift、Gamma、Gain 的影调范围。所有的这些技术都和第二十一章中介绍的暗部色调手法相似。

　　注意　这部分涵盖的着色和偏色在更加现代的环境中应用。如果你想了解历史上是怎样使用着色和偏色的，可以查看本书第 23 章的内容。

- **只对高光和中间调进行着色**：如果你的调色软件支持 Multiply、Overlay 模式或 Soft Light 合成模式，你可以用一个纯色块和原始素材进行不同程度的混合。

- **只对阴影和中间调进行调色**：使用 Screen 或 Lighten 合成模式来将原始图像与颜色蒙版混合。

谨防非法色度

　　下一节涉及很多合成模式，使用它们时很容易产生非法亮度或者非法色度。如果优先考虑广播合法，那么请多留意你的示波器。如果你要创建大胆的视觉风格，那么进行一系列的调整时你可能要压缩或降低高光饱和度，以确保最后成片的视频信号合法，在完成交付后没有 QC 违规问题。

用合成模式着色

　　如果你用色彩平衡控件调整后没有得到满意的调色结果，你可以尝试使用合成模式（也称为混合或转换模式）为图像着色。当你将纯色发生器（或纯色块、纯色层）与原始图像混合时，合成模式处在最佳工作状态。使用合成模式创建的调色，可以通过降低纯色块的饱和度或者提加图像的亮度来调节合成效果，又或者通过调整纯色块的透明度来减弱效果，使它（纯色）对最终结果的影响降到最低。

图 20.4 展示了一些常用的合成模式，还包括了纯红色块对图像产生的影响。

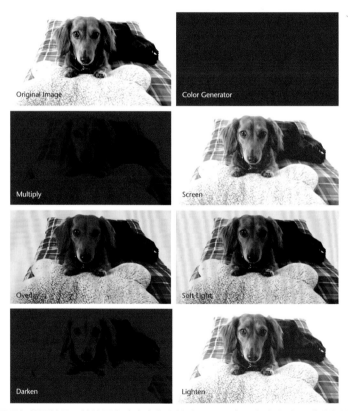

图 20.4　最顶部的图片是原始的图像（本书作者的狗 Penny）和颜色发生器（纯色块）。接下来是用纯色块与原始图像进行合成后的效果，分别用 Multiply、Screen、Overlay、Soft Light、Darken 和 Lighten 这几种合成模式合成

选择不同的合成模式，画面结果将会有很大不同。每种合成模式与图像的组合公式决定了纯色块怎样影响画面，以及色块会被画面哪些部分限制。你不需要理解这些基本的数学运算，

但是多了解一些常见模式产生的效果是很好的。在 12 种普遍采用的合成模式中，有 7 种对于调色效果来说是很有用的，它们是 Multiply（相乘）、Screen（滤色）、Overlay（叠加）、Hard Light（强光）、Soft Light（柔光）、Darken（变暗）和 Lighten（变亮）。

关于合成模式的更多信息，包括它们使用背后的数学运算，请查阅《视觉效果 VES 手册（*The VES Handbook of Visual Effects*）》（Focal Press，2010），它提供了对于每一种合成模式的"行业标准"公式列表。

注意　记住，一些合成模式是处理器密集型操作，所以，在使用它们的时候可能会带来画质的损失。然而，使用这种方法你却可以获得独特的混合颜色，这是用其他技术很难实现的。

Multiply

当你想通过叠加纯色块对图像的白位产生最大影响，对图像的较暗部分产生较小的影响，而对黑位没有一点影响的时候，Multiply 模式很有用。白点逐渐被着色，所有的中间调都变成了原始颜色和着色颜色的混合颜色。纯黑色不会受影响。

Multiply 模式将每个图像的像素对相乘在一起。任何重叠的黑色区域仍然保持黑色，而图像中逐渐变暗的区域在相乘后会使图像变暗。相反，图像重叠的白色区域则 100% 曝光。

这对图像的对比度产生了很大的影响。随着纯色块饱和度和亮度的增加，图像对比度有逐渐变暗的趋势。除非你的目的是使图像变暗，否则当纯色块的饱和度降低时，Multiply 产生的效果会稍缓和，而且图像亮度也会有所提升。

Screen

Screen 模式几乎和 Multiply 是相反的。当你叠加一个纯色块，需要让纯色块对图像的黑位影响最大，对图像较亮的部分作用较小时，使用 Screen 合成模式很有用。这时黑位会被着色，中间调成为原始色和纯色块的混合颜色，白位略受影响。

Screen 合成模式实质上是 Multiply 的反面。重叠的白色区域仍然保持白色，逐渐变亮的区域使图像变亮。相反，图像重叠的黑色区域 100% 曝光。像 Multiply 一样，Screen 对图像的对比度也有很大影响，随着纯色块的饱和度和亮度的增加，图像对比度有减轻的趋势。减少纯色块的亮度是将这种影响降到最低的最好方法。

Overlay

对于被着色的图像来说，Overlay 模式是可用的合成模式中最干净和最有用的模式之一。它用一种很有意思的方式，组合了 Multiply 和 Screen 这两种合成模式的效果：它 Screen 了图像亮度超过 50% 的部分，Multiply 了图像亮度低于 50% 的部分。结果导致图像中间调被影响得最多，而白位略受影响，黑位不受影响。

还有一个好处就是，Overlay 模式对于底层图像的对比度影响很大程度上仅限于中间色调，而对白位的影响程度较小。

降低纯色块的饱和度或提高其亮度，会增强中间调和白色；增加纯色块的饱和度或降低其亮度，会减弱中间调和白色。做这些操作会导致中间调分布的非线性变化。

注意　根据 Overlay 模式的工作原理，若使用中性灰（饱和度 0%，亮度 50%）的纯色块与图像进行 Overlay 合成，它对图像造成的改变将最小。

Hard Light

Hard Light 合成模式创造出来的着色比其他合成模式分布更加均匀。用 Hard Light 着色对图像的白位、中间调和黑位都有很大的影响。当你想创造出一个非常极端的色调时，这是一种很有用的方法。Hard Light 合成模式与深色滤镜（sepia filters）或浅色滤镜（tint filters）不同，然而，纯色块与底层图像的原始颜色仍然是相互作用的。

纯色块的饱和度和亮度决定了图像不同部分受影响的程度。高饱和度的纯色块对白位产生更大的效果，而高亮度的纯色块对黑位的作用效果则最大。

Hard Light 合成模式对图像的对比度也有影响，正如你在示波器中可以看到的，该模式会降低白位和提高黑位。白位和黑位受纯色块影响的程度，取决于叠加色块的强度。

Soft Light

Soft Light 合成模式是 Hard Light 模式的温和版本。二者不同的是，Soft Light 对绝对的黑色没有影响。当你需要在白色和中间调上制作一个更均匀的偏色，而这个偏色止于阴影，但不影响图像的绝对黑色时，可以使用 Soft Light。

Soft Light 合成模式对图像对比度的影响类似于 Overlay 的效果。

Darken

只有每个重叠像素对在最暗的时候，它们对最终的图像才有影响。结果通常是除了着色，还有其他更多的图像效果。Darken 合成模式可以被当作一个工具使用，用来创造其他不寻常的视觉风格，参见本书第 11 章中的内容。

Lighten

每个重叠的像素对在最亮的时候，它们对最终图片的影响是：每个图像最亮的那一部分被保留下来。用色块进行着色时，这对矫平所有阴影值是有实用效果的，这些阴影部分比叠加蒙版之后的颜色更暗。

若软件不支持创建用于着色的颜色蒙版，自己做一个

结合纯色块和合成模式进行着色的这个做法，对于非线性编辑系统和合成软件来说是最陈旧的调色"伎俩"之一。一些调色系统不能生成色彩蒙版，或缺少在指定位置（译者注：即特定的层或节点）生成纯色块的能力。如果是这种情况不需要担心，这里介绍一种很简单的调色小方法：你可以自己制作纯色块，不需要导入颜色静帧作为色彩蒙版。

在以下示例中，用达芬奇 Resolve 制作一个纯色块，用于着色。另外，你也可以在其他任

何一个软件中使用这项技术。

1. 与往常一样，根据具体需要，在着色之前先给图像调色。

2. 为创建着色，你需要"叠加"另外一个校正，这个校正也是以同样的方式来使用合成模式，并将这个校正和先前的校正组合在一起的。在达芬奇 Resolve 中，通过使用 Layer Mixer 将两个节点输入组合在一起。

3. 完成节点的设置（即调色），选择最底部的节点（图 20.5 的节点 3），然后使用任何一个对比度控制工具来压缩整个视频信号，将整个图像压到纯黑。

4. 这一步很重要，使用任一可用的控件来保存这些被裁切过的数据。大部分现代调色系统都是 32 位浮点运算的图像处理，这意味着被裁切过的数据在操作与操作之间[①]都会被保存起来。事实上你并不想这样，因为它有可能会毁了一个又理想又平滑的蒙版。所以在达芬奇 Resolve 中，你可以使用 Soft Clip（弃失羽化）做一个小小的调整，来保存被裁切过的数据。

5. 在调整完图像之后（图 20.5 的节点 4），你需要再增加一个节点。现在你要将步骤 3 的纯黑色变成一个色彩蒙版。在这个校正里，你可以使用 Master Offset 和色彩平衡控件将黑色变成其他你需要的颜色。

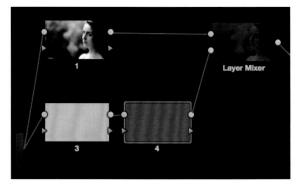

图 20.5 创建一个纯色块，然后将它和原始图像叠加一起

---

① 原文是"operation to operation"，指紧接着的前后操作步骤。——译者注

6. 最后，鼠标右击 Layer Mixer，然后选择一个你需要的合成模式（图 20.5）。在这个例子中，用 Multiply 模式加上一个深红色的蒙版能产生生动的画面。

在 Adobe SpeedGrade 中着色

Adobe SpeedGrade 有各种各样的使用这些技术的 look layers（风格层），所以不需要制作专门的颜色蒙版。fxSepiaTone、fxTinting 和 fxNight 都提供了不同的着色方法。

第二十一章

暗部色调

> 我们视觉感知到的色彩几乎从来不是它物理上真正的样子。这一事实使色彩在艺术中处于相对最中等的位置。
>
> ——约瑟夫·亚伯斯（1888—1976）[①]

暗部色调（undertones），是我用在一个特定的商业风格上的名字，这个色彩风格在广告片中尤其受欢迎，因为它的使用特点让它和大预算制作的电影有所关联。

染色或者洗色都是对整体图像的偏色，虽然你可以控制这种偏色，使它不影响高光或阴影。暗部色调的不同之处在于，它是针对于图像中某一狭窄的影调区间而制作的特殊偏色，经常在那种阴影区范围比较大的图像中使用。

这里有几种可以用来制作暗部色调的不同方法，每种方法各有优势。

如何制作暗部色调

对图像的某个影调区染颜色，最简单的方法就是首先使用任意一个工具（如 Offset）先对整个画面添加颜色，然后使用相邻的色彩平衡控件来抵消不要偏色的影调区。下面的例子使用 FilmLight Baselight 系统进行演示（图 21.1）。

使用 Film Grade（胶片调色）模式的 Offset 工具，对整体画面增加暖色调的偏色，当然这么做会对阴影和高光产生影响。然后转换到 ShadsMidsHighs（暗部中间调高光）选项页，这时的 Shadows（暗部）和 Highlights（高光）只会影响高光和暗部，不会影响中间调。

---

① 约瑟夫·亚伯斯（Josef Albers，1888—1976），出生于德国，后移居美国，德国画家、设计师，极简主义大师，也是美国"绘画抽象以后的抽象"及"欧普艺术"（OP Art）的先驱。——译者注

图 21.1　使用 Offset 添加颜色，为画面铺上大片的暗部色调，然后中和暗部区和高光区

这或许不是最具针对性的调整方式，不过这些调整在大部分软件中都可以又快又简单地完成，并且当你想对图像中间调增加大片暗部色调时很有用。

使用曲线工具为特定影调区制作暗部色调

制作暗部色调的诀窍是使用曲线工具和一组控制点，在某个特定的色彩通道里定位某个影调范围并增强或降低该范围的颜色通道。若要制作更加复杂的视觉效果，尝试保持图像中较暗的阴影部分的颜色不变，这可以让调色与未调色的阴影区域产生某种对比。

图 21.2 在蓝色和绿色通道都用了 3 个控制点，并增大了这两个通道的值。

　　贴士　　请记住，我们知道曲线穿过中间交叉的网格线时它正好处在中性状态，因此制作底色时，你需要将大部分曲线钉在这个中性的位置上。

选择性增强的结果让画面暗部铺上了蓝绿色，这与原来自然的灯光颜色产生了很好的对比。保留底部的黑、中间调以及未受影响的高光，这样处理不会产生太夸张的偏色，而且还能能保留一个干净的图像。

这个手法能用于在画面上建立色彩对比，让画面变得更生动。

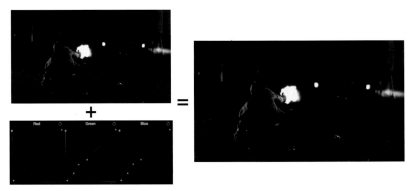

图 21.2   使用曲线对图像暗部偏亮的区域制作暗部色调，营造额外的偏色

由于曲线平滑的数学衰减，曲线成为一种建立暗部色调非常好的方式。而且在做暗部色调处理后，画面的其他区间过渡不容易出现压缩或颤动的边缘。

用 Log 调色模式、五路和九路色彩控件制作暗部色调[①]

Log 调色模式控件在《调色师手册：电影和视频专业技法（第 2 版）》的第四章有所描述，它可以用来对正常化后的图像的特定区域"染色"。例如，图 21.3 已经做过高反差调色，现在客户想让阴影带点蓝绿色调。

图 21.3   在增加暗部色调之前的原始色调

①   有些调色系统除了提供了"3-way color correction"工具，还提供了"5-way color correction"和"9-way color correction"。在较多软件中"3-way"被翻译为三路色彩校正，所以在此把"5-way"直接翻译为"五路"，"9-way"直接翻译为"九路"。——译者注

　　在之前的调色基础上增加一个图层，并且基于 Film Grade 使用 Shadows、Contrast 和 Highlights 支点控件（Pivot）来限制影调区，这个影调区域会被 Midtones 影响，这样你便可以对图像的次暗部增加一点颜色（图 21.4）。

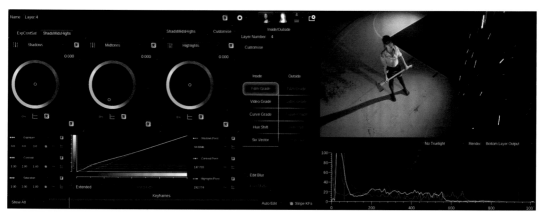

图 21.4　在 Baselight 调色系统中，使用 Film Grade 调色模式为图像的次暗部制作底色。
当你改变基础的 Pivot 数值时，注意 LUT 曲线是如何展示这一点的

　　同样地，如果你的调色软件有五路调色控件，例如在 SGO Mistika 中的 Bands（图 21.5，右图），或者有可选择的九路控制，用于 Autodesk Lustre 和 Adobe SpeedGrade（图 21.5，左图），可以使用它们的自定义设置来完成同样的事情。例如，在 SpeedGrade 的 Look tab，当你切换到 Shadows、Midtones 或 Highlights 影调区时，M/H 和 S/M[①] 滑块允许你重新定义图像 3 个影调区的重叠边界。

　　使用这些滑块，你可以将 Look tab 下的所有一级校色工具限制在一个狭窄的影调区内。

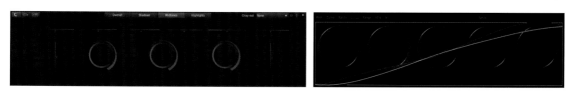

图 21.5　Adobe SpeedGrade 的 Shadows、Midtones 和 Highlights 工具（左图），以及在 SGO Mistika（右图）中的 Bands controls 工具组，可以在特定的影调内做出色彩调整

---

　　①　M/H 即 Midtones/Highlights，中间调区或高光区。S/M 即 Shadows/Midtones，暗部区或中间调区。——译者注

在单个操作（节点或层）中，制作暗部色调的同时避开肤色

如果你要用夸张的颜色作为暗部色调，而这个色调又会影响画面中的人物时，这种做法未必会讨喜。以下是常用的手法，能用于在上述情况下避免暗部颜色影响人脸肤色。

如何完成这个操作取决于调色系统的功能，如果你在单个操作中进行调整，很简单的一个方法就是使用 HSL 选色尽量将图像的肤色隔离，然后反转蒙版创建选区（图 21.6）。这假设你的调色系统能够限制你创建暗部色调的控件。而使用限定器来忽略被暗部色调所影响的区间是处理这个问题的快速方式。

图 21.6　在同一个节点（或层）内使用 HSL 选色，避免暗部色调处理影响肤色

正如以前经常说的，在此类调整中隔离肤色并不需要一个完美的键控。你最需要关心的是皮肤的中间色调及高光部分，除了这些以外的选区是固定的。然而，在暗部色调的影响下，阴影部分看上去会更加真实，所以忽略暗部选区也是可以的。此外，羽化键控边缘，使用 HSL 限定器的柔化或者模糊控制，可帮助保护色彩轮廓线，避免出现锯齿状边缘影响画面。

不要忽视肤色

请记住，当你沉迷于保护肤色这类操作的时候，其实你是在增加图像分割的可见性。对于暗部色调和未被调整的肤色之间的差异矫枉过正，会使图像看上去人工痕迹过重。所以你可以考虑增加一点暗部色调到演员身上，让他们看起来"自然地在同一个场景中"。

使用 HSL 选色制作暗部色调

还有一个方法是使用亮度限定控件来隔离较暗的中间调或者较亮的阴影区域，在这个次暗区添加颜色制作暗部色调（图 21.7）。

图 21.7　使用 HSL 选色来隔离图像的影调区，用于制作暗部色调

当使用 HSL 选色来制作暗部色调的时候，使用亮度限定控件的 Tolerance 或者 Softening 工具将蒙版边缘羽化，这是个很好的想法。这些操作会让被调色和未被调色的区域之间有很好的平滑过渡，而且没有由蒙版的过度模糊导致的光晕，也可以增加一点模糊来消除蒙版残留的毛糙，这是常用的做法。

这种方法允许你使用三路色彩平衡控件，它会使得你更容易得到你想要色彩的范围。当然，最好地发挥这些工具作用的前提是一个干净的键控蒙版。

在复合操作中，制作暗部色调的同时避开肤色

如果你使用 HSL 选色创建暗部色调，你可能需要增加附加的 HSL 选色和布尔操作，从组合到一起的暗部色调键控上隔离肤色。对于不同的调色软件，处理的方式也不同，以下演示使用达芬奇 Resolve 的 "Key Mixer"（键控混合器）来实现这个操作。

首先，你需要设置一个节点树，在一级校色后，用两个节点分别制作两个选色键控，然后通过使用 Key Mixer 节点将两个蒙版组合到一起，接着把合成的键控输出到之后将会用来制作暗部色调的节点（记住，键控输入端是一个小三角形，在每个节点的左下角）。图 21.8 展示了这个节点树的设置情况。

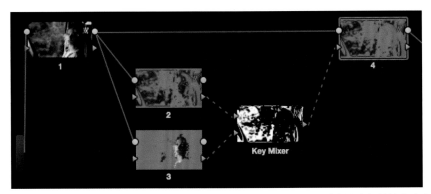

图 21.8　建立节点树，使用 Key Mixer，将女演员的脸部蒙版从先前建立的底色键控中减去

图 21.9 是这个操作过程更详细的展示。左上角的键控是原始的暗部色调蒙版。右边的键控是女演员脸部被减掉的效果。

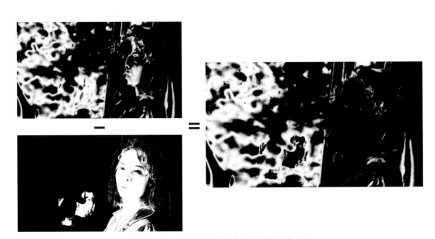

图 21.9　从底色蒙版中减去脸部蒙版

事实上，要完成减法（在图 21.8 中用黄色表示），你需要挑选从节点 3 运行到 Key Mixer 的连接线，然后打开 Key 工具区（在 Color 页面），控件被命名为 INPUT LINK 2（输入连接 2）。单击"Invert"复选框，然后单击 Mask 选择钮（图 21.10）；第 2 个蒙版将从第一个中减去，正如图 21.9 中右图所展示的那样。

图 21.10　在达芬奇 Resolve 的 Key 工具区，选择 Mask，反转和设置第 2 个键控，在应用 Key Mixer 的时候从第一个键中减去第 2 个键①

这样的操作保证了干净的、未被改变的肤色，而面包车和窗外的背景仍然受到偏蓝的暗部色调影响（图 21.11）。

图 21.11　最终效果，整个背景染了蓝绿色，而前景演员不受影响

---

① 　左图为达芬奇 Resolve 8 的节点键界面，右图为达芬奇 Resolve 16 的节点键界面。——译者注

暗部色调不只是绿色

然而,"宣传片"风格经常在暗部色调中引入橄榄绿,上述方法比上一节的方法更通用。例如,如果你想做一个着淡蓝色的日调夜效果,将一点蓝色引入图像而又不需要大量调色,这是一种很好的手法。

第二十二章

自然饱和度和目标饱和度

饱满、饱和的色彩中有我想要避免的情感意义。

——卢西恩·弗洛伊德（1922—2011）[①]

对整个图像来说，简单的、线性增长的饱和度并不总能产生有吸引力的画面。而在特定区域增加饱和度却可以创造出更多有意思的、生动的效果，所以你得选对画面中的关键区域。

自然饱和度（vibrance）

摄影软件，例如 Adobe Lightroom 有一个饱和度控制选项，其作用对象为图像中低饱和度的颜色。这个控制被称为"自然饱和度"，它排除图像中的高饱和度区域，也包括肤色色调，并且允许在图像不会过饱和的情况下精细地丰富图像。

如果你的调色软件没有 vibrance，以下将介绍另一些能取得相同结果的方法。例如，SGO Mistika 有一个 Sat vs. Sat（饱和度 vs. 饱和度）曲线，它允许用户基于图像内部饱和度，做出一些有针对性的饱和度调节（图 22.1）。这是一种极其灵活的控制方法，因为它允许调色师做多种调节。

如果没有这类曲线，使用 HSL 选色也能制作自定义的 vibrance 效果。关闭色相和亮度限定控件，只留下饱和度限定控件，可以锁定画面中饱和度中等到偏低的区域。

---

① 卢西恩·弗洛伊德（Lucian Freud），表现派画家，英国最伟大的当代画家之一。祖父是大名鼎鼎的心理学家西格蒙德·弗洛伊德。——译者注

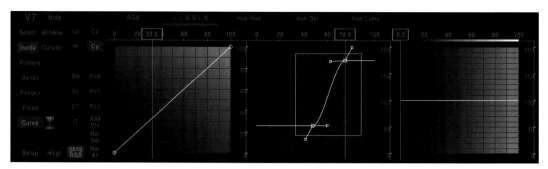

图 22.1　SGO Mistika 中的 Sat vs. Sat（饱和度 vs. 饱和度）曲线

当你做这个操作的时候，图像中饱和度的实际范围看上去或许会很窄，这取决于饱和度是如何映射到限定符控制上的。在图 22.2 中，饱和度中等的区域被分离出来，在这区间的饱和度出现在远离限定器的左侧。

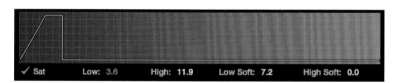

| ✓ Sat | Low: 3.6 | High: 11.9 | Low Soft: 7.2 | High Soft: 0.0 |

图 22.2　分离饱和度，限制在整个饱和度限定控件的左侧

重要的是，为了避免引入人工痕迹，保证饱和度限定范围的边缘，可以调整柔化或模糊羽化边缘。要小心不要因为过量的饱和度而污染图像的阴影部分。因为我们的理念是只调整较低和中等区域的饱和度，为的是在不影响不该被提高饱和度区域的情况下实现色彩上的提升（图 22.3）。

图 22.3　从左至右：原始图像；对图像应用了 vibrance 操作，以提高低饱和度区域的较窄范围的饱和度；
应用在整个图像上的相同饱和度

　　提示一下，这个操作有时可能会对肤色产生压制的效果。这种情况也是可以调整的，取决于你的调色系统有没有混合蒙版的处理能力。例如，在达芬奇 Resolve 中你可以通过 Key Mixer 将一个蒙版从另外一个蒙版中减去（图22.4）。当你做这步操作时，要确定不会把肤色选上，因为任何边缘最终都可能会过饱和，需要注意。

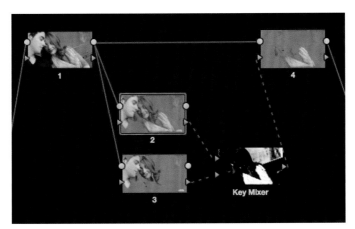

图 22.4　使用达芬奇 Resolve 的 Key Mixer 节点，忽略皮肤部分

　　vibrance 操作是一个非常好的、可以得到漂亮的暗部颜色却不会让你觉得夸张的方法，尤其当其应用于颜色较暗的图像上时。

目标饱和度，有针对性地提高饱和度

　　调色师吉尔斯·利弗西的作品有《古墓丽影（*Lara Croft：Tomb Raider*)》、《僵尸肖恩（*Shaun of the Dead*)》和多得数不过来的商业广告，他分享了另外一个针对特定的饱和度调节的手法：把某些区域作为目标，针对这些区域的饱和度进行强化可以实现广告调色风格。

　　这和 vibrance 的处理方式相同，做一个饱和度限定器并分离出图片中饱和度最高的区域，确定使用限定器的柔化来保持边缘被很好地羽化。这些完成了之后就可以提升饱和度了，如图 22.5 展示的那样。

图 22.5   针对性调整饱和度前后的图像

特别是对于带有光泽的产品的拍摄，这种效果看上去会令人印象尤其深刻，我用"出挑"来形容这样的图像品质。然而，当你寻找额外的某些东西但又不想使图像看上去很有塑料感（图 22.5）时，这也是一个给其他类型的拍摄增加饱和度光泽的很好的方法。

但请记住，当你使用这个方法时很容易出现非法信号，如果一定要使用这个方法，记住使用限定器。

第二十三章

老胶片风格①

我们来看几个创建老胶片风格的方法。你可以利用各种"缺陷"来模拟老胶片的色彩风格。

● 相比第一版洗印出来的胶片，经历（洗印）过很多代中间片后的胶片会丢失厚重的黑和高光细节，而且还会出现更多的颗粒。重复洗印也会增加白色灰尘斑点（在印片过程中，胶片上的灰尘会阻挡光线）出现的概率。

● 一些光化学冲印的胶片，长时间保存在仓库中会慢慢褪色。有一些染剂会比其他染剂褪色得更快，导致老的彩色胶片中产生黄色或品红色的偏色，这要取决于胶片本身的情况。

● 请注意，在胶片配光时，配光师被限制在相当于控制整体曝光的 Lift 工具，在彩色分析仪中的 Master 或 RGB 控件内没有曲线或 Lift、Gamma、Gain 工具可用。如果你想调亮图像，你必须提起黑位。

● 由于较低质量的镜头，在较旧（和较便宜）的相机上拍摄的胶片可能会出现不规则的焦点。虽然质量较差的镜头焦点会更软一些，不过在某些情况下这是一个广受欢迎的功能。

● 在非常老旧的胶片中，手摇曲柄（速度）不均匀会导致曝光变化。

● 较老的彩色胶片比现代的胶片呈现更强的颗粒纹理。（光学）反应慢的胶片意味着当你需要更大的曝光时，更要化学地"推（冲刷）"胶片，这会更加夸大颗粒（尽管许多电影制作人会故意这样做）。

● 最后，反复放映也会导致胶片划痕和其他损坏。

---

① 原文标题为 Vintage Film，Vintage Film 有复古胶片、老胶片的含义。标题译作"老胶片"更贴近本章内容，方便读者理解此风格。——译者注

在大多数调色系统中，颜色、对比度和焦点缺陷很容易创建和模拟胶片的色彩。而且噪点或颗粒也很容易制作。但灰尘和划痕通常要靠合成软件或第三方滤镜（效果器）来实现。如果你所用的调色系统提供了灰尘、刮擦、损坏的滤镜，那它们就能方便你的工作。

否则，你将需要专注于调色系统中的色彩、对比度、焦点工具，用其他方式添加模拟胶片物理损坏的效果。

在本节的示例中，我们将使用摄影师凯琳·拉施克（Kaylynn Raschke）拍摄的旧金山金门公园的"The Portals of the Past"（往昔之门）作为素材（图 23.1）。

图 23.1　旧金山金门公园的景点"The Portals of the Past"，它将是我们制作几款老胶片风格的测试画面

这是一个很好的例子，它结合了干净的白色、深邃的暗部（有层次）、大量的绿颜色和透过树木的蓝天，而且水面上还有丰富的倒影。

方法 1：模拟消色 / 褪色

这种方法几乎可以在任何调色系统中实现。主要的不同是在你的消色风格中，你想要保留多少原始画面的颜色。

需要注意的一件事是在每个校正中所执行的操作顺序。这种风格所使用的调色方法，通常基于先前操作所输出的图像状态而定。

1. 在第 1 个校正中，使用亮度曲线提高对比度。在这个相同的校正中将饱和度下降（约一半）。饱和度需要控制好不要过度，因为我们要的是消色效果而不是去饱和，但饱和度是个人品位问题，并没有固定的值（图 23.2）。

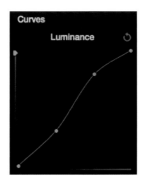

图 23.2　用于提升高光的亮度曲线

2. 添加第 2 个校正时，在整个画面上使用过渡非常柔和的椭圆形或 Power Window 为图像添加暗角，同时减弱中间调和遮罩外的高光。这会给图像周围形成一个明显可见的阴影，该阴影从画面中间延伸过渡到周边。对于这个风格，不要下手太轻。

3. 当添加第 3 个校正时，使用另一个 Shape 窗口或 Power Window 遮罩，这一次形状更圆、遮罩更柔和。你将在遮罩之外(避开中心)的区域添加一些模糊，仿效一些用球面镜头的、非常老的摄影机（图 23.3）。

贴士　如果你所用的调色系统程序具有 Y'-only 调整控件，则可以使用它来创建"更黑"的暗角阴影，这些阴影比典型 YRGB 工具调出的暗部更暗，Y'-only 也能在调整画面亮度的同时调节画面的饱和度。

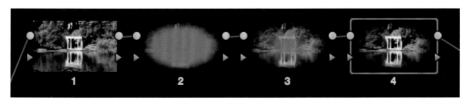

图 23.3　达芬奇 Resolve 中创建此效果的节点树，你也可以在其他调色系统中实现相同的调整

4. 基于当前的画面情况添加第 4 个校正，你将用它来同时控制整个画面的风格。在这个校正中，将 Gain 微微推向温暖的橙色调，并通过提升 Lift 压缩暗部，减轻整个画面的对比度（给你更消色的画面感觉），将高光压下来（获得稍微平一些的画面风格，如图 23.4 所示）。旧明信片就是这种压缩了对比度的样子。

图 23.4 一种褪色、重遮罩的老胶片处理效果

现在我们获得了一个非常好的画面风格，不过，你仍然可以选择继续往下调整。若你所用的调色系统程序支持插入某种类型的颗粒或噪点，而且如果你想获得"第 10 代光学印片（tenth-generation optical print）"的风格，现在是时候叠加它们了。

而且，如果你现在想要固定这个色调，可以在高光打关键帧来制作一些随机的、忽高忽低的调整，模拟手摇或不规则曝光导致的胶片闪烁。如果想看见底层的画面，你还可以只在步骤 2 中被压暗的遮罩里添加关键帧的闪烁。

复古胶片的宽高比

色彩不是老胶片的唯一特点。真正的老胶片最初是使用 4 : 3 的宽高比拍摄的，可追溯到托马斯·爱迪生的初始宽高比选择 1.33 : 1。宽屏幕并没有成为一个拍摄标准，直到 1952 年 Cinerama 的超宽屏在电视上意外普及（比例为 2.65 : 1）。最终，环球影城通过裁剪原始方形胶片框的顶部和底部，推出现在标准的 1.85 : 1 的胶片宽高比，以及许多其他宽屏格式。

方法 2：模拟染剂褪色

在一些老胶片中，青色染剂比黄色和品红色染剂褪色得更快，这是为什么会在许多旧的彩色胶片中看到黄色或洋红色偏色。在下一个例子中，我们将介绍如何使用红绿蓝曲线来创建此效果，这与前面所述的交叉处理模拟技术类似：

1. 添加第 1 个校正时，稍微减少图像饱和度，大约控制在 20% ～ 30% 的位置。接下来，使用亮度曲线来提高上面的中间调和高光，使图像明亮的部分变得更亮、更苍白，同时在很大程度上保持暗部不受影响。这次你不能切掉暗部。

   倘若你想切掉高光部分，如果你有 Soft Clip 或类似的工具，那么用它来裁切之前已超过 100% 的高亮细节，以防止它在后续操作中变回来。

2. 添加第 2 个校正，创建 RGB 曲线调整，模拟青色染剂层的消色效果。提高红色曲线的中间调和高光（同时将暗部固定在中性位置），将绿色曲线的顶部控制点向下放置以裁切高光，然后提升蓝色曲线的顶部（同时将暗部固定在中性点），创建我们想要的品红色或黄色相互作用的效果（图 23.5）。

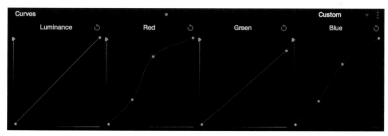

图 23.5　用于创建复古的洋红色风格的 RGB 曲线

这些色彩曲线调整并不是固定的程序，如何调整曲线完全是品味的问题。此外，这个效果会根据源图像更改而变化，因此将这个调整应用于另一个片段不一定会产生相同的结果。

3. 最后，添加第 3 个校正，你可以在其中提高暗部并降低高光，压缩对比度并让图像消色。这时，你可能还需要稍稍降低饱和度，保持图像的褪色效果（图 23.6）。

图 23.6　模拟青色层染剂褪色的处理方法，模仿那些洋红色偏色的老胶片风格

再次，如果你想往前推进做更多的调整，可以添加一些胶片颗粒或噪点，如果素材合适的话，还可以添加一些曝光闪烁效果。

方法 3：戏剧性的黑白效果

现在来看看我所说的"戏剧性"黑白的风格。我想创造一个固定的、银色的、50 年代或 60 年代的黑白风格。这种效果适用于犯罪片和战争故事片。

在做其他操作之前，请查看第十八章的内容，其中包括关于创建自定义通道混合器来削弱图像饱和度的部分。如果你有时间，这种方法是创建这种风格的良好基础。反之如果你的调色进度紧张，那么将饱和度降至 0 %，结合对比度调整来制作相同的风格也是可以的。

1. 添加第 1 个校正将图像去饱和。然后使用亮度曲线拉伸中间调的对比度，并使用上窄下宽底部重的 S 曲线来稍微增加暗部的密度。黑白胶片的颗粒可能非常细，所以要避免切掉黑色（图 23.7）。

2. 当添加第 2 个校正时，使用 Shape 窗口或 Power Window 在图像边缘添加暗角，把遮罩外的中间调和高光稍微调暗以便表现图像的曝光变化。如果你想让图像显得不那么"老"，以上操作你也可以选择不做。

图 23.7　调整亮度曲线，通过拉伸中间调将"密度"添加到阴影中，而不是将细节从暗部里凸显出来

3. 添加第 3 个校正将 Gain 提升 5% ～ 10% 左右，稍微提高黑位，以模拟传统胶片在调光时缺乏非线性对比度控制工具的效果。还有另一种情况是，对于过曝素材可以往下压黑位（这是可选的操作），但是我发现提高一点黑位对打造复古风格有帮助（图 23.8）。

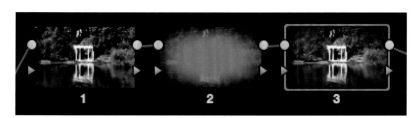

图 23.8　在达芬奇 Resolve 中创建此效果要用到 3 个节点。这三步调整是简单的且都可以在任何调色系统中重现的

4. 这一步是选做的，我喜欢做这一步，这个操作不一定基于洗印的电影胶片做老化效果，而是基于图片摄影冲印来做老化效果：在高光添加一个非常轻微的色调，通常是冷色或暖色（如果你可以将这个色调调整准确地描述为蓝色或橙色，那你可能调得太过、太多了）。这是一个很好的方法，能让你的调色比那些"通过降低饱和度就能做出黑白风格"的人的调色更独特（图 23.9）。

对于这个风格，对画面添加模拟胶片的颗粒或者噪点都是你可以选做的操作，即使数字图像本身"非常干净"，而增加点颗粒可以真正去除数字感。然而，细颗粒的黑白胶片存在多年，它们有着非常细腻的画面风格，而且数字素材本身的噪点也够用。

图 23.9　对于更沉重、更戏剧化的要求，一般的黑白复古风格并不够，
加入轻微的银色似的冷色能给黑白效果加分

　　另外，如果你手上的素材带有非常明亮的高光，你可以添加其他的调整：利用 HSL 限定器在高光处添加一些光晕，模拟胶片的高光溢出（film blooming）效果，如第十二章所示。

匹配不同的黑白素材

　　最后一个处理技巧凸显了我所使用的调色策略，当我面对来源不同的各种黑白照片素材、胶片或视频素材时，我需要把它们整合到一个项目中，这类项目通常是纪录片。通常来说，不同来源的档案素材有许多不同的偏色。有时素材情况很好，但有时素材情况不理想，客户想要将素材匹配一致。

　　我喜欢黑白照片上经常有的淡淡的色调，所以我一般会尽量减少令人反感的偏色，如果可以的话，我想留下一点原始的"复古"的味道。如果我手上有不同的黑白素材，而所有这些都需要统一的画面风格，那么在调整对比度之前，我将使用刚刚所说的方法去除照片的饱和度，调整反差后，再添加一些颜色。保存调色，现在我可以用这个画面来匹配项目中的其他黑白素材了。

方法 4：模拟染料型黑白胶片

对于这本书的最后一个例子，我认为回到胶片最初的颜色是很有趣的。有意思的是，早期的黑白胶片并不总是黑白的。胶片会被着上不同的颜色，所以无论做了哪种着色，放映的图像实际上是一个黑色基底的图像（图 23.10）。事实上，在同一部电影中不同的场景会做不同的染色，不同的色调将表明场景是早上（阳光，灿烂的黄色）还是晚上（绿松石，清澈的蓝色），以及人物情绪是否开心（玫瑰金）、愤怒（地狱，明亮的红色）或悲伤（夜曲，深紫蓝色）。

图 23.10　早期着色胶片的扫描，由布莱恩·普里查德（Brian Pritchard）[1] 提供

多年来，着色 / 染色和调色流行了很多年，但在电影的早期阶段，着色、双色调处理和其他更多劳动密集的处理过程并不为人所知。我们今天不太会欣赏这种颜色，是因为在这些处理过程中所使用的许多染剂已经褪色，或者在胶转磁转成单色视频的过程中丢弃了颜色。然而，"重现"颜色作为柯达研究的主题被多次提及。如洛伊德·A·琼斯（Loyd Ancile Jones）[2] 题为"有声电影的染料型胶片（*Tinted Films for Sound Positives*）"的文章所述（Kodak Research Laboratories，1929）：

> （色彩和观众反应之间的）主观关联关系有点脆弱，难以确定。其中的一些主观
> 联想，毫无疑问是基于某种人为联想的、具有明确情绪状态的色彩意识建立起来的。

---

① 布莱恩·普里查德（Brian Pritchard），研究员，技术总监，色彩科学顾问。曾供职于柯达公司、汉弗莱斯电影实验室有限公司、亨德森电影实验室。——译者注

② 洛伊德·A·琼斯（Loyd Ancile Jones，1884—1954），美国科学家，曾在伊士曼柯达公司工作，多年来一直担任高校的物理系主任。在第一次世界大战期间，他也是海军伪装发展的主要贡献者。——译者注

某些颜色具有明确的情感状态。色彩的这些相关性可能可以追溯到更加直接的关联因素。例如，温暖的特性与黄色、橙色、红色、洋红色相关，而其余的色彩则给人冷酷的印象。这很可能是由阳光和火焰的颜色，以及通常与寒冷相关的大气条件引起的直接联想。颜色与青春、成熟、年老等生命阶段的关联可能跟季节直接相关。限于篇幅，我们无法更详细地逐一展开分析，但对这个主题的深入探究表明在颜色和情感状态之间确实存在一些明确的、心理上合理的关系，这一论点很难不被研究者认同。

琼斯接着引用马修·鲁基什的研究《色彩语言（*The Language of Color*）》（Dodd，Mead，and Company，1920），其中描述了一项针对 63 位大学生进行的研究（学生的专业分别是工程、科学、文学、艺术和农学），该研究人数男性和女性各占一半，由 N.A. Wells 于 1910 年进行。12 种颜色用苯胺染剂涂在白色水彩纸上。这些颜色的图表被挂在每个观察者面前，每个人被要求用 12 个形容词来匹配每种颜色，比如安静、悲伤、兴奋、愉快、沮丧、阴沉和平静等。形容词分为 3 组：激动、平静和压抑。

研究结果的图表显示了不同色彩的关联，告诉了制片组该选用哪种染料型黑白胶片（图23.11）。有趣的是，这项研究反映了典型的暖色或冷色的情感轴，这个情感轴被普遍用于当今拍摄的场景色温设置。我喜欢这个早期色彩研究的例子，因为这些词可以用来描述色彩的用法。

200　　　　　　　　**色彩语言**

基于12种不同颜色而激发的三类情绪反应评分，来自63位实验对象

	激动	平静	压抑
赤红色	41	0	10
深红色	56	0	0
深橙色	59	0	0
橘黄色	55	6	0
黄色	53	6	0
黄绿色	14	39	5
绿色	28	32	0
蓝绿色	32	23	6
蓝色	11	21	30
紫蓝色	0	17	45
紫罗兰色	0	6	54
紫色	3	1	48

图 23.11　观察者对所选颜色的响应图表。资料来源：马修·鲁基什
（Dodd，Mead，and Company，1920）

正如保罗·雷德（Paul Read）和马克·保罗·迈耶（Mark Paul Meyer）的《修复电影胶片（*Restoration of Motion Picture Film*）》（Butterworth Heinemann，2000）所述，有两种常用方法可以对胶片进行着色。一种是胶片曝光后通过各种化学工艺对胶片进行着色。另一种是使用已经预染色的胶片（染料型黑白胶片），这种胶片在曝光和冲洗后会出现"颜色中有黑色"的结果。此外，使用染料型黑白胶片来拍摄，然后在实验室冲印时对银盐层进行额外的调色，可以做出双色调风格（图 23.12）。

图 23.12　1916 年铜版胶片的一个例子，由布莱恩·普里查德提供。
请注意，图像中只有最黑的部分才会被着色，高光是不受影响的

我们至今还在调色中使用的术语源于胶片时期的早期著作。《伊士曼电影正片的着色和调色（*Tinting and Toning of Eastman Positive Motion Picture Film*）》（Eastman Kodak，1922）非常具体地定义了这些术语。

- 胶片调色被定义为"通过让一些有色化合物完全或部分取代正片上的银粒图像，从而使这些由色片组成的图像的高光或清晰部分不被上色并且不受影响"。

- 胶片着色被定义为"将胶片浸泡在有染料的溶液中，并使色片上色，让整个画面蒙上一层均匀的颜色"。

当我们借鉴历史上染料型胶片的色彩风格时，这些预着色胶片可能会是一个很好的灵感来

源。1921 年，柯达发布了一系列电影正片胶片，黑白反转片有 9 种标准颜色，包括淡紫色、红色、绿色、蓝色、粉红色、淡琥珀色、黄色、橙色和暗琥珀色（图 23.13）。

图 23.13　原始的染料型胶片的扫描图，由布莱恩·普里查德提供

1929 年，柯达出售了一系列预着色 Sonochrome 电影胶片（pretinted series of Sonochrome film stocks）①。柯达当时是这么描述这个系列的：

> 全新系列伊士曼 Sonochrome 染料型有声胶片，为你提供 16 种精致的色彩，它们是通向观众内心情感的钥匙。这是第一次将所有的色彩联想引入电影，借助全新的伊士曼 Sonochrome 色彩有声正片系列……用预着色 Sonochrome 胶片拍摄的画面具有丰富的趣味性，其效果是单一的黑白正片所不能达到的。

当时的 Sonochrome 胶片可以选择的颜色如图 23.14 所示，这些胶片提出了更多复杂的色彩词汇。

在《有声电影的染料型正片（*Tinted Films for Sound Positives*）》② 中，洛伊德·A·琼斯给出了每个色板的介绍，我对每个颜色的介绍做了精简，以下是 Sonochrome 色板中每个颜色的情感（指代）和用法。

- Argent（银色）③：没有色相的颜色，银灰色。在此种情况下可能会有效果：让观众一直看纯粹的单色后再给观众看带色彩的胶片，那么该颜色在人眼视觉上会有增强的效果。

---

①　Sonochrome 是一种预先着色的柯达胶卷品牌，它并不会干扰胶片上的光学音轨，其于 1929 年推出，并于 20 世纪 70 年代停产。20 世纪 30 年代以后，单色 Sonochrome 胶片在功能上没有多大用处，但广泛用于 theater snipes（电影院的短广告）和电影中的特殊场景中。以上资料来源于维基百科。——译者注
②　若读者有兴趣看看完整版本，请查阅维基百科的词条 "Sonochrome"。——译者注
③　该颜色没有出现在圆形的色轮上。原作者对 1929 年的文档作了删减和提炼。——译者注

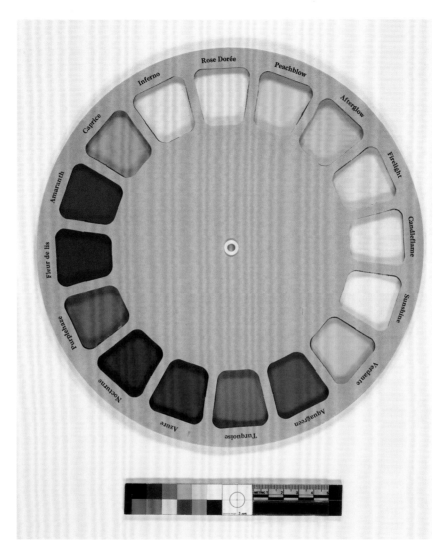

图 23.14　柯达 Sonochrome 染色片的全部色轮，来源于乔治伊士曼家族电影部藏品（George Eastman House Motion Picture Department Collection）。请注意，由于所用的染剂劣化，许多颜色已经褪色

- **Sunshine**（日光）：明亮的黄色，与蓝天的颜色互补，旨在匹配蓝天下可见的日光颜色。它的透光率是 83%，意在给人灿烂的、阳光照射的感觉。它营造一种充满活力、生动有趣和关注的气氛，但又不会过分高昂。

- Candleflame（烛火色）：淡橙色、黄色。这种颜色比起 Sunshine 有更多的橙色和低一些的透度，用于人为打灯的明亮的室内拍摄，有早上或下午的日光的感觉。它能带来让人感到温和、舒适、亲密和幸福的情绪。

- Firelight（焰火色）：轻柔的黄橙色，颜色比 Candleflame 暖，透射率较低，用于人为打灯的室内场景，但场景是被昏暗的台灯和蜡烛，又或者是被间接的明火照亮的感觉。它能传达温暖、舒适的感受，表达亲密的家庭关系、温和的感情。

- Afterglow（夕阳 / 晚霞）：温和丰富的橙色，是系列中最暖的颜色，适合外景的黎明和日落以及温暖的室内光。它能营造奢华、财富、安全和相对强烈的情感，也与秋天的色彩相关。它能传达出宁静，实现了雄心壮志，获得成就和类似成熟的印象。

- Peachblow（桃红 / 紫红色）：细腻的肉粉色。它含有很少量的蓝，没有 Afterglow 暖。它适合"完全展现女性的美丽"，能体现生命的光芒。

- Rose Dorée（玫瑰金）：深粉红、温暖的粉红色表示感性和激情。给观众带来恋爱的、浪漫的、充满异国情调的感受，可以用于表现亲密氛围的场景（如闺房），也可以传达幸福、快乐和兴奋的情绪。

- Verdantè（翠绿色）：柔和点的、纯粹的绿色。这个颜色有一点点暖，像春天的树叶，让你想到树木、草地和春季风景。它给人年轻、新鲜、没城府、稚气的感受。它接近暖色和冷色的中性点。

- Aquagreen（水绿色）：明亮的蓝绿色，透光率达 40%，凉爽但并不冷。这种颜色适用于拍摄北方水域，适合展现风暴云层下的海水、成熟的树叶、茂密的森林和雨林。它带有潮湿的色彩感受，还有与成熟、智慧、尊严、平静和安宁有关的情绪。

- Turquoise（青绿色）：明亮的蓝色、冷色，透光率达 43%。这种颜色适合拍摄晴朗天空下平静的热带海洋和地中海，它唤起宁静、高贵和含蓄，但不带抑郁的情绪。它也适用于月光效果。

- Azure（蔚蓝色）：强烈的天蓝色，比 Turquoise 颜色更冷。它具有 28% 的透光率。它给人镇静、严谨、严峻或轻微阴沉的感受。

- Nocturne（夜蓝色）：深紫蓝色，具有 28% 的透光率。它暗示夜晚、阴霾、阴沉、寒冷，让人联想到抑郁的状态，给人绝望、失败、未达到目的的野心、阴谋和地下的感觉。

- Purplehaze（紫色）：蓝紫色或淡紫色，相当柔和。具有 40% 的高透光率，比相邻的颜色更亮。这个颜色的色相与晴朗的蓝天下雪地里的阴影颜色大致相同。这种颜色的情绪是高度依赖语境的，如果是沙漠中的暮光之城，这个颜色会赋予场景一种距离、神秘、安静和温暖的感受。如果是雪地场景，在冰川或积雪覆盖的山脉中，它具有让人感到寒冷的效果。

- Fleur de lis（鸢尾紫）：明亮的皇家紫色。它具有 25% 的透光率，色彩相对来说冷一些，但不如 Nocturne 那么冷。它代表皇家、高档的办公室、权利和蓬勃盛况。它含蓄内敛、尊贵和克制。

- Amaranth（苋色）：比 Fleur de lis 更红紫，色彩比较暖，不那么严肃，适用于展现富裕和奢华的场景。在恰当的语境关系中，可能适用于感性和放任的场景，比如喝酒狂欢的场景。

- Caprice（随想色）：冷的粉红色，它具有 53% 的透光率，因此闪耀了大银幕。这是一个快乐、无忧无虑、热闹的色彩，通常用来表达嘉年华、狂欢节以及制造快乐。

- Inferno（地狱红）：火一般的红色与洋红色。它直接指向火灾、燃烧的建筑物、发光的熔炉和森林火灾等场景，它能产生骚乱、恐慌、无政府状态、暴动、动乱、冲突、战争、战斗和不受控的激动等情绪。

现在有了这个基于调色板的情绪和感受的视觉词典，我们可以借鉴这些信息自己动手制作 20 世纪 20 年代的胶片风格，你可以综合运用之前描述的几种手法来制作。有了这些知识，你可以在调色的过程中混合和选取不同的方法，创造完全不同的效果。

1. 添加第 1 个校正时，把图像去饱和。早期人们用黑白正色胶片（orthochromatic stock）来拍片以节省资金，你可以使用通道工具或 RGB 混合器来创建图像所需的起始点，如第十八章所述。

2. 那个时代的胶片（拍摄效果）通常反差较强，所以在同一个校正里，你可以用曲线或九路色彩校正工具[①]和上宽下窄的 S 曲线来调整，为画面增加更多暗部密度。将高光调平一点，让高光不要那么亮，同时拉伸中间调的对比度。可以稍稍切掉黑位，营造老胶片已经过多次复制和转印的感觉（图 23.15）。

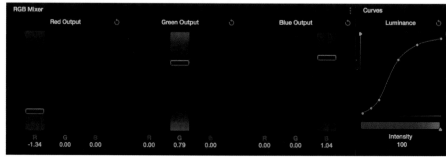

图 23.15 用通道混合器和亮度曲线模拟黑白正色胶片的操作和结果，用亮度曲线为暗部增加"密度"，同时轻轻地减少高光

3. 在第 2 个校正中，你可以放置一个 Shape 窗口或 Power Window，遮罩四周靠近画面边缘，把遮罩外的中间调和高光压暗，创建经典的暗角。这能让观众的眼睛集中，这种手法

---

① 有些调色系统除了提供"3-way color correction"工具，还提供"9-way color correction"。在较多软件中"3-way"被翻译为三路色彩校正，所以在此把"9-way"直接翻译为"九路"。——译者注

被运用在很多电影中。

4. 在第 3 个校正中，我们用 Multiply 或 Blend 模式把色块与原始图像混合，把颜色与黑白图像相结合，仅对图像的高光和中间调染色，根据画面所需调整色块的强度。请记住，由于胶片的透光性，鲜艳颜色的染色往往会更暗更浓，而更"灿烂"或更亮颜色的染色会更淡。

然而，你有一个 20 世纪 20 年代的电影从业人员没有的优势——色彩平衡工具，所以你可以调出更好看的颜色。

5. 在最后的微调，添加第 4 个校正并调高 Gain 或将 Master Offset 提升 10% ～ 20%，稍微提高黑位，获得褪色更多的效果而不是反差大、更亮的画面。和模拟老胶片风格的其他方法类似，这一步是可选的，因为对过曝严重的素材你还得往下拉黑位，所以你并不一定要按部就班，一切都取决于你想达到的效果（图 23.16）。

图 23.16　最后的着色胶片风格

如果你在达芬奇 Resolve 中创建这个风格，你的节点树应该如图 23.17 所示。

最后，可以根据你想要重现的胶片年代，添加胶片划痕、颗粒或其他胶片被破坏的效果，以增强胶片质感。

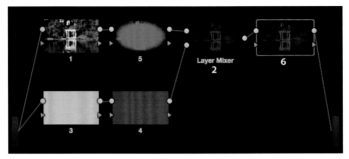

图 23.17　用于在达芬奇 Resolve 中创建此效果的六个节点。这些校正很简单，可以在任何调色系统中复现

总结

到了本书的结尾，最后跟大家分享洛伊德·A·琼斯的智慧笔记。这是我在做风格化调色时所信奉的观点并将其贯穿在整本书里。

> 我不希望读者产生这样的印象：由于我们对色彩的潜在情感价值的讨论热烈就毫无节制地使用颜色。相反，特别是在影视制作中，要强调必须谨慎地使用色彩这个元素。用太强烈或高饱和的颜色通常来说是不好的，因为这些颜色通常会侵扰和分散注意力，从而可能会失败，达不到预期的效果。更巧妙的方法会产生更好的结果……将场景本身特定的情感氛围和故事背景相融合，赋予这个场景合适的色彩，让观众在潜意识里代入场景，照顾观众情绪，顺应戏剧发展，而不是制造难看的色彩和分散观众注意力，这才是色彩应有的使命。

这真的是金玉良言。